共通テスト数学における
質的変化の研究

〜学力観のバージョンアップ〜

遊歴算家
シヴァ神

ブラックタイガー
黒岩虎雄

現代数学社

マスクマン帝国17条憲法
第3条 円周率を埋め込んだ仮面エンブレムはマスクマン帝国
の象徴でありマスクマン帝国民統合の象徴であって,この価
値は,主権の存するマスクマン帝国民の総意に基づく。

共通テスト数学における質的変化の研究
ブラックタイガー・黒岩虎雄による

はじめに

　学校現場（高等学校）に携わっていると，十年周期をもつ波動のように，教育改革の波が訪れる．本書を準備している 2021 年秋の状況は，コロナ禍に襲われながらも大学入学共通テストの初年度（第 1 日程，第 2 日程のいずれも新型コロナ感染症緊急事態宣言の中で実施された）を終えて，来春（2022 年春）の高校入学生から施行される新学習指導要領の前夜にあたる．

　大学入試センター試験から，大学入学共通テストへと，試験制度を変更するにあたって，2017 年と 2018 年の 2 度にわたり実施された試行調査（プレテスト）を受けて，著者の一方である黒岩は，《数魔鉄人》師とタッグを組み，『現代数学』誌上での連載（2019 年 5 月号〜 2020 年 6 月号までの 14 回）を経て，単行本『大学入学共通テストが目指す新学力観数学ⅠA』，『数学ⅡB』を上梓させていただいた（2020 年 6 月〜 7月）．上記の連載および 2 冊の書籍は，情報が乏しい中で「共通テスト前夜」の段階での分析を示したものであったが，実際の初年度共通テスト（2021 年）の出題をみて，分析は間違っていなかったと考えている．

　初年度共通テストの実施を受けて，新たに《シヴァ神》師をタッグパートナー（共著者）に迎えて，『現代数学』誌上での連載（2021 年 2 月号〜 2022 年 2 月号までの 13 回）を経て，今般に単行本としての本書『共通テスト数学における質的変化の研究〜学力観のバージョンアップ〜』を上梓できることとなった．

　今回は，試験制度の変更があるものの，学習指導要領の改訂とは時間差がある．新学習指導要領のもとでの共通テストは，令和 7 年（2025 年）1 月を待つことになるので，今年も含めた 4 年度は，従前の学習指導要領のもとでの試験が実施される．とはいえ「主体的・対話的で深い学び」（かつてアクティブ・ラーニングと呼ばれていたもの）を始めとするいくつかのキーワードが踊り，学校現場では新たな学力観への対応を余儀なくされていることには間違いがなかろう．

　旧・センター試験から，新・共通テストへ，数学は何が変わったのか．外形的には文章量が圧倒的に増加し，ときには太郎と花子が登場し，グラフ表示ソフトを用いた図版が登場し，計算に着手する前に読まなければならない文章量・情報処理量が増加している．代わりに計算量は削減されている．従前より「センター試験対策指導」を生業としていた指導者の一部からは，恨み節のような不満も聞こえてくる．それもそうだろう，従来型の「計算力叩き上げ」タイプの指導が必ずしも功を奏さなくなったからである．

　私たちはこうした質的変化を，《定量から定性へのシフト》と表現している．この言葉の初出は，『現代数学』2018 年 3 月号「大学入学共通テストに向けた試行調査（プレテスト）への所感」にて《数理哲人》師が使用したものである．初回プレテスト（2017 年 11 月）の直後に投稿された記事において，相当に早い段階で使われた《定量から定性へのシフト》という語句は，大学入試センターが問いかける数学の学力観の変化を，正確に言い当てていることから，私たちもこれを継承させていただいている．

　従来のセンター試験数学は，出題のヴァリエーションが尽きていたので，パターン別の解法暗記と計算力増強という指導方法が有効であった．これを「計算力叩き上げ」指導と呼ぶとすれば，それは心ある大学の数学教員サイドからは「計算力は数学の力の一部でしかないのに……」という懐疑心につながっていた．だから，少なくとも難関大学の個別入試の数学（記述式）は，センター試験の数学（短答式）とは反対側を向いている試験を実施し続けていた．ここにいう「反対側」とは，根拠を述べる論述の

4

質を評価するか，一刻も早く正しい結論を出すことを評価するか，という試験の方向性の違いを指している．

　もちろん，マークシートで実施せざるを得ないセンター試験数学には，技術上の制約が立ちはだかっていたであろうことは，想像に難くない．著者らはいずれも「共通一次世代」の教員であるが，1979年から1989年までの11年間に行われた共通一次試験の数学の問題は，現在の問題からみればシンプルなものであった．文科省はこれを「難問・奇問を排した良質な出題により，高等学校教育の基礎的な到達度を判定することが可能」になったと評価している．共通一次試験には，国公立大学を受験する際の「資格試験」としての役割が与えられていたので，検定教科書の章末問題に毛が生えたような出題であった．難関大学受験生であれば「時間を余らせても満点を確保する」のが標準的で，満点を逃すことを畏れながら何度も慎重に見直しをする，という態様で受験していた．現在とは異なる風景である．

　その後継となる大学入試センター試験は，1990年から2020年まで，まさに平成の30年間と重なって実施された．こちらは私立大学が参加して，直接に合否判定を行う大学も出てきたことから，「資格試験」だけでなく「選抜試験」の役割も担うこととなった．したがって，共通一次試験のようにシンプルな出題ばかりとはいかなくなった．しかしそれでも，学習指導要領の制約のもとで試験を実施するのだから，30年あまりも続けていれば，出題のヴァリエーションは尽きてしまう．他の多くの試験制度と同様に，出題の《蛸壺化》が進み，時間制限が厳しい中で，アウトプットを競い合うような状況になった．これを私は「カルタ取り数学」と呼ばせてもらっている．

　とはいえ私は，過去の大学入試センター試験を否定しているわけではない．たった60分のテストで，全国30万人から50万人程度の著しい学力

差がある集団に対して，1本のテストだけで6割程度の平均点と，大学が選抜に活用できるような分布を創りだすことは，相当に高いレベルの職人芸である．出題方式の制限の中での関係者の努力には，率直に敬意を表するものである．

　マークシート試験という仕様と，全国で適切な分布を創りだすという要求に応え続けることが，出題内容の《蛸壺化》と，計算力に依存した《カルタ取り》につながっていくことは，時代の必然であった．それでも，大学入試センターは出題のノウハウを蓄積して，単なる計算問題のように見えても，思考力を要求するような，《識別力》を有する試験問題を作り続けてきた．このような歴史を経ての，今般の共通テストへの改革である．

　次期学習指導要領は，「生きる力」をより具体化し，教育課程全体として育成を目指す資質・能力，いわゆる「学力の3要素」を次のように示している．

　　ア「何を理解しているか，何ができるか」
　　（生きて働く「知識・技能」の習得），
　　イ「理解していること・できることをどう使うか」
　　（未知の状況にも対応できる「思考力・判断力・表現力等」の育成），
　　ウ「どのように社会・世界と関わり，よりよい人生を送るか」
　　（学びを人生や社会に生かそうとする「学びに向かう力・人間性等」の涵養）

私たちは，旧・センター試験数学が，上記の (ア) を中心に測定していたものが，新・共通テスト数学は (ア)，(イ)，(ウ) を測定しようとしているのではないかと見ている．読者諸兄のなかには「(ウ) などをマークシート試験で問えるものなのか」という疑問を持たれる方もいらっしゃるだろう．にわかには信じられないかもしれないが，それを実行した姿を，共通テスト本体に見ることができる．

　文科省ウェブサイトには，算数・数学ワーキンググループにおける審議の資料として「算数・数学の学習過程のイメージ」というタイトルの図が掲載されている．ビジネスの世界で使われる用語を引いて，通称「ぐるぐる図」と呼ばれているようである．

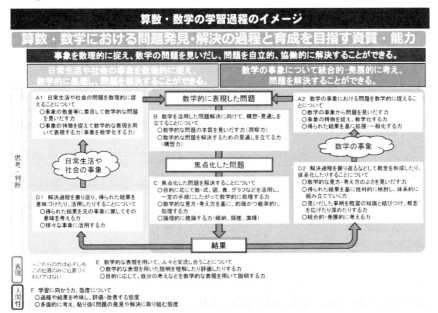

　数学学習において「対話的・主体的で深い学び」を実現するために理想的なプロセスを図解したもののようである．ぐるぐる図には 2 つのループが埋め込まれている．左側のループは

　　《日常生活や社会の事象》→《数学的に表現した問題》→

　　　→《焦点化した問題》→《結果》→《日常生活や社会の事象》

が回っており，右側のループでは《日常生活や社会の事象》を《数学の事象》に替えたもの；

　　《数学の事象》→《数学的に表現した問題》→

　　　→《焦点化した問題》→《結果》→《数学の事象》

が回っている．

　共通テストの問題をみて，妙に日常生活との結びつき，実学志向，応用数学志向が見られることは，皆さんお感じになっておられることと思う．それは，ぐるぐる図の左側のループにある「問題発見・解決の過程」を，出題として具現化したものなのであろう．

　さらに，「太郎と花子」の役割である．いわゆる「太郎・花子問題」の評価は二分されているところであろう．彼らの役割のひとつは，ぐるぐる図の左側のループに受験生を誘うことにあるが，それだけではない．旧センター試験とは異なり，大学入試センターは教科書に掲載のない定理も出題すると言っている．「令和 3 年度大学入学者選抜に係る大学入学共通テスト問題作成方針」（令和 2 年 1 月 29 日）に，次のような記載がある；

　　「問題の作成に当たっては，日常の事象や，数学のよさを実感できる
　　題材，教科書等では扱われていない数学の定理等を既知の知識等を活
　　用しながら導くことのできるような題材等を含めて検討する．」

このような出題を実現するために「太郎・花子」が起用されているのであろう．

　私たちが本書のタイトル『共通テスト数学における質的変化の研究〜学力観のバージョンアップ〜』に込めた意図，あるいは想いが読者諸兄に伝わっているだろうか．まだ共通テストが一年度しか行われていない現段階で，私たちの主張を雑誌連載だけでなく単行本の形にフィックスすることは，若干の勇気を要することでもある．「質的変化」を追うには，もう少しの経年変化を見てから……という気持ちもないわけではないが，一方で私たちが日々接している高校生・大学受験生にとっては《一期一会》の試験の機会である．「経年変化」などと悠長なことを，受験生の前で吐くわけにはいかない．心ある指導者の方々も，気持ちは同じであろう．

　そうであれば，旧・センター試験から新・共通テストへの変化が観測できた現時点で，私たちの分析を発表しておくことは，社会的に意味のあることであろうと考えた．本書に主張している内容は，現場に立つ教員サイ

ドの視点で書かれているものであり，何らの権威性を有するものでもない．一方で，生徒たちを預かる現場の目から見えることは，疎かにするべきではないメッセージ性も有している．これが，高校生〜受験生〜指導者の各位に届くことを祈念している．

　末筆となるが，教育改革まっただ中の現段階で，状況がまだまだ流動的であると思われる中での本書の言論内容は，単行本にするには，書籍の賞味期限が短くなってしまう虞れもあるだろう．にもかかわらず，現代数学社の富田淳社長には，このタイミングでの本書の社会的意義をご理解いただき，快く単行本化の決定をしていただいたことに，著者らは心より感謝を申し上げる．

ブラックタイガー
黒岩虎雄

共通テスト数学における
質的変化の研究
～学力観のバージョンアップ～

共通テスト数学における質的変化の研究
大学入学共通テスト
前夜の状況の整理

《初回共通テストの前夜》

　近年に進められてきた大学入試改革は，さまざまなカオスを内在しつつも，本年（2021年）1月中旬に実施される「大学入学共通テスト」を以って，高大接続改革の第一歩を踏み出すことになる．

　著者らは平成の30年間を主として高校生・大学受験生を指導することにエネルギーを費やしてきた．黒岩は私立高等学校の教壇に立っている．シヴァ神は公立高校教員を経て遊歴算家として各地で指導にあたっている．今般の大学入試・高大接続改革にあたっては，数学に関して当局が公表してきた「問題例」や「試行調査」から窺うことができる意図を読み解いて，これを《新数学観》と呼び，日本各地の指導者たちと連帯し，研究を続けてきた．また，学校現場での実践も続けている．

　文教行政当局より，さまざまな形で新しい方向の《数学観》が示されてきた．そうしたメッセージを，指導者たちはどのように受け止めて，日々の指導に反映させてきたのか．この点で，高等学校の現場の対応ぶりには，大きな格差が存在する，としか言いようがない．このままでは，2021年以降の入試で大きな学校間格差が生じ，それは固定化されていくことであろう．

　本稿を認めているのは2020年12月の上旬であり，もう1ヶ月もすれば最初の大学入学共通テストが実施されることから《前夜》とでも言うべきタイミングである．ここでは「共通テスト・数学」に関する前夜の状況を整理しておきたい．

黒岩虎雄が　　　斬る

　高大接続改革の具体的な制度設計を担うのは文科省の高大接続システム改革会議で，この第9回（2015年12月22日）は「大学入学希望者学力評価テスト（仮称）」について議論された．記述式問題を導入することが検討される文脈のなかで，「記述式問題イメージ例」が公表された．いわゆる「スーパームーン」の問題である．これが，数学教育関係者が初めて見た「記述式問題」の姿であった．全国共通の試験において記述式問題を入れることの是非が，喧々諤々に議論された．

　その後の2017年11月第1回試行調査（プレテスト）の実施，2018年3月新学習指導要領の告示，2018年11月第2回試行調査（プレテスト）の実施については，読者の皆さんにもおなじみのことだろう．

《記述式試験の是非論》

　著者の一方の黒岩は『現代数学』誌上において「大学入学共通テストが目指す新学力観」の連載（2019年5月号から2020年6月号まで）を共著にて執筆し，2回にわたるプレテストの問題を主として論じながら，《新数学観》について考察した．その成果は『大学入学共通テストが目指す 新学力観 数学ⅠA／ⅡB（数魔鉄人，黒岩虎雄，現代数学社 2020年）として公表済みなので，ご確認いただければ幸いである．上記書籍から，記述試験の実施の是非に関する議論を引用する．

　　（同書107ページより引用はじめ）
　　ところで，共通テストでの記述式試験の実施については，問題の質の議論に入る前に，さまざまな疑念や懸念が国会等において指摘された結果，2019年12月17日に萩生田光一文部科学大臣が2020年度開始の大学入学共通テストで導入予定だった国語と数学の記述式問題について，同年度の実施（2021年1月試験）を見送ると正式に表明した．今後，共通テストに記

述式を導入するかについて「期限を区切った延期ではない．まっさらな状態で対応したい」と説明した．導入断念も含めて再検討する方針だということである．

　実施見送りになった背景として，主に①採点精度の確保が困難，②自己採点が困難，③費用対効果に疑問，という点が挙げられていた．詳論すれば，①は受験者 50 万人規模で採点の納期は 20 日程度という点がそもそも実現可能なのかという問題．さらに，採点を民間委託する方針で，ベネッセのグループ企業が採点を受注するも，1 万人体制といわれる採点者の質を確保できるのかという問題が生じる．②は，特に国語において正答例を見て自己採点をするにも読解力が必要であることから，正確な自己採点が困難となり，出願先の判断に支障が出る虞れがあると指摘された．③は，採点のしやすさを確保するために記述の自由度が低いものになっている．実際，数学においても，2017 年試行調査にみられた文章記述は 2018 年試行調査では見送られている．これでは，膨大な手間，多額のコストとリスクを賭けてまで記述式試験を行うメリットがないのではないかと，費用対効果の観点からの疑問が出されていた．
（引用以上）

（同書 108 ページより引用はじめ）
　記述式試験の実施に伴う懸念は，上述の①〜③だけではない．採点の民間委託に関して，仮に大学入試センターと採点事業者の間で秘密保持義務（損害賠償規定を含む）を締結したにしても，1 万人規模の採点者が守秘を全うするのは困難と思われること．採点業務を受託したことを利用した宣伝行為がすでに観測されていること．こうした点から大いなる社会的疑念が湧き出していた．
　2019 年 12 月 17 日「萩生田文部科学大臣の閣議後記者会見における冒頭発言」において，文科省としての見解が明らかにされた．

（中略）
　これまでに各方面から指摘されてきた懸念を払拭できないこ
とを，公に認めたのである．
（引用以上）

　このような経緯を経て，「記述式試験を導入する」という「悪の帝国」
の目論見は頓挫することとなった．採点などの技術的な問題があったとは
いえ，有識者によるまっとうな世論が影響したものと信じたい．ペンは剣
よりも強し．

《第2日程問題》

　一難去ってまた一難．年が明けて 2020 年に新型コロナウイルス感染症パ
ンデミックが起こり，当時の安倍晋三内閣総理大臣による 3 月前半の「一
斉休校要請」以降の混乱がはじまった．パンデミックについて詳論するこ
とは避けて，大学入学共通テストに関連する部分のみを論じる．
　文科省は「令和 2 年 6 月 19 日に付け 2 文科高第 281 号文部科学省高等
教育局長通知」において，大学入学共通テストのいわゆる「第 2 日程」を
設定することを明らかにした．第 1 日程（令和 3 年 1 月 16 日，17 日）の
2 週間後に設定された第 2 日程（令和 3 年 1 月 30 日，31 日）を受験でき
るのは「学業の遅れを理由に当該日程を選択する者を対象とする」のとと
もに（第 1 日程を）「疾病等の理由で受験できなかった者の追試験として
実施する」としている．さらに，特例追試験（令和 3 年 2 月 13 日，14
日）を第 2 日程の追試験として実施するという．
　その後の 6 月 30 日に文科省と大学入試センターは，第 2 日程につい
て，新型コロナウイルスの影響で学業の遅れがあると校長が判断した高校
生のみ受験できると発表した．校長の判断という要件が加わったことと，
既卒生（浪人生）は第 2 日程に出願できないことが明らかになった．

　高校現場でも対応が検討されたが，国公立大学の個別試験の日程が後ろに下がるわけではない．そのため，筆者の周辺では特段の事情がない限り第1日程のまま受験するように指導されている例が多いようである．実際の出願者数をみても，出願総数 535,244 人中の処理済の 531,907 人のうちで第 2 日程の出願者は 789 人（出願者全体の約 0.1 ％）であるという（10月 15 日公表時点）．

　第 2 日程に出願することに関するメリットとしては，2 週間の学習時間が得られることと，第 1 日程の傾向を見てから受験できることが考えられる．一方でデメリットとして，大学別個別試験に向けての日程がタイトになること，試験場が近くに設置される保証がないこと，過去の事例から追試験のほうが問題が難しい場合が多いこと，を挙げることができよう．

　第 2 日程を設定することについての実施サイドのメリットとしては，1 月の試験日が大きなパンデミックの波と重なることで，予定よりも多くの受験生が追試験の受験を余儀なくされる場合に備えることが考えられる．

　なお，萩生田文科大臣が 11 月 27 日の閣議後記者会見で，「緊急事態宣言が発令された場合でも，全国一斉の休校は要請せず，来年 1 月の大学入学共通テストも実施する考えを示した」という．前政権による今年 3 月前半の休校要請が《世紀の大愚策》であったことについては，ここで繰り返さないが，その反省に立って，先手を打っている可能性も考えられる．教育に携わる立場からすると，予測可能性が立つことは歓迎してよいだろう．大学入学共通テストについては，第 2 日程と特例追試験の日程も設定しているとはいえ，緊急事態宣言が重なった場合でも「延期」による実施は物理的に不可能であろう．緊急事態宣言か，それに近い状態の場合には，電車が混雑しない状況をつくるなど，社会が若者をサポートしてくれることを期待している．

　思えば，この連載原稿を書こうと考えたきっかけのひとつは，第 2 日程であった．受験生にとっては大したメリットがないのだが，私たち指導者にとっては，初年度から当局からの問題が 2 セット分届くのである．翌年度の指導を充実させるチャンスが与えられたのだ．

《過去にもあった第 2 日程問題》

　大学入試センターには，過去にも同様の「第 2 日程問題」が生じたことがある．専門職大学院として「法科大学院」が日本に設置された初年度である平成 15 年 8 月 31 日に，大学入試センターが「法科大学院適性試験」を実施した．その出願締め切りは 7 月 7 日であったが，その後になって 11 月 9 日に「特例措置試験」を実施することとし，9 月下旬に出願日を設定したのである．

　この措置について大学入試センターは「平成 15 年度事業報告書」の中で次のように述べている．

　　　（引用はじめ）
　　　また，平成 15 年度においては，適性試験が実施初年度で実績がなかったことや，各法科大学院が設置認可申請中のため全体像が確定されておらず，法科大学院への入学希望者が必ずしも十分な情報を得ることができないまま本試験の出願期間が過ぎ，出願できなかった者が少なくないと考えられたことなどから，このような者に対し適切な救済措置を講じてもらいたいとの法科大学院協会からの要請を踏まえ，平成 15 年度のみの特例措置として，本試験に出願できなかった者を対象として追加募集を行うとともに，当初 9 月 14 日(日)に予定していた追試験を 11 月 9 日(日)に繰り下げて実施した．
　　　（引用以上）

　この「特例措置試験」については，本試験の出願締め切り後に発表されたため，公平性に疑義が生じ，大きな批判があった．今回の「第 2 日程」については，出願前からの告知であることなど，平成 15 年度当時の措置とは異なっているものの，注意を喚起する意味で過去の事例を記しておいたものである．

⌒⌒⌒⌒⌒⌒⌒⌒⌒⌒⌒⌒⌒（ シヴァ神の　眼光 ）⌒⌒⌒⌒⌒⌒⌒⌒⌒⌒⌒⌒⌒

　数日後には初めての共通テストが終わってしまうので，今さら対策や予想問題を述べても仕方がないので，雑感を述べたいと思う.

　平素から対話的授業を心がけ，一斉講義にならないように気をつけていたところ，2年分のプレテストを分析すると対話型問題形式が導入されることが想像でき，我が意を得たりと思う反面，より時間を追い立てるようなポストセンター試験で全国一律にやる必要があるのか，個別試験でじっくりやればいいのではないかという思いもよぎり，揺れ続けた3年間であった.

　コロナ禍前に突如勃発した《英語の外部試験導入》と《国語と数学の記述式問題》の延期問題で，皮肉にも試験を行う側の《思考力・判断力・表現力》が足りなかったことが露呈された. 今日現在にも至るコロナ禍対応では，《科学的知見》を持つことの重みが実証されつつある. これまた皮肉にもコロナウィルスが《データの分析》や《統計的推測》の内容を多くの学生が学ばなければいけないのではないかという改革を後押しするだろう.

　所属なく遊歴する身としては，ある地域の生徒さんだけでなく公立と私立とか，田舎と都会とか，塾や予備校で行われていることを観察し，比較することができる立場にあった. 誰にも縛られることがないので，総合的に，ポジショントークなしに述べることができる.

　新しい数学観の問題に向き合う生徒たちを見てきた. ほとんど多くの生徒は文章の《内容》ではなく，《長さ》で読むことを拒否して，時間を空費する. 読解力を育てるには時間を要するのだ.

　「学びは人を繋ぐ」をモットーに《数学的構造》を見張るものとしては，3月の全国一斉休校で《学びの命》を遮断したことや《学業の遅れ》への対応策として，第二日程をたかが2週間ずらして設定したセンスには絶望した. そのあたりは散々黒岩虎雄氏が吠えているので，数学的内容に移りたい. いろんな視点で共通テストを眺められるが，私は［アルゴリズムと統計］の観点で楽しみたい. 次のようなことを想っている.

序章　　大学入学共通テスト　前夜の状況の整理

（数学 I）

❏ "かつ"，"または"，"でない"，"ならば"などで日本語として命題表現されたものが，どれくらいブール代数に変換したら論理関数を意識したものになっているか？

❏ 2 次関数（$x-y$ 系）では，プレテスト 2 年分の GeoGebra を踏襲するか，あるいは線形計画法やパラメータを使うことなく，対話型で $x-y-t$ や $x-y-z$ 系の 3 変数問題の一場面として，時間 t や z 座標のある値のときの放物線の問題に落とし込むか？

❏ 必修部分の〈データの分析〉の資料が対話的に多くなることが予想される．重箱の隅を突くような選択肢でなく，〈定性的〉にわかっていたら，計算量が少なくても即答できる問いを期待する．

（数学A）

❏ 数学 I のところで〈図形と計量〉について触れなかったが，〈図形の性質〉と分ける必要はない．正弦定理・余弦定理・中線定理・方べきの定理・トレミーの定理・チェバ・メネラウスの定理がどう関連しているのか［定義・公理・定理］の美しい流れを期待する（もちろん，数学 I で三角比を出さないというわけにはいかないし，対話型の問題は多く出せないことと，整数や確率の選択問題とのバランスもあるので，これは願望である）．

❏ 〈整数問題〉に関しては，指数や数列とドッキングすれば暗号理論などネット社会や情報モラルと直結する部分だが，4 年間（新学習指導要領に移行するまで）は $ax+by=1$ に帰着されるユークリッドの互除法を深めてほしい．

❏ 〈場合の数〉は「場合を分ける」という人間の思考力の源でもあり，アルゴリズム思考のベースである．さらに〈確率〉でも，とりわけ条件付確率は〈ベイズ推定〉に繋がり I C T や I o T とは切り離すことができない．条件付き確率を求めるということでなく，条件を変えたらどう確率が変化するのか，問題を解いた後に統計の妙がわかるような問題を期待する．

19

序章　　大学入学共通テスト　前夜の状況の整理

（数学Ⅱ）

❑　〈図形と式〉，〈式と証明〉の部分が対話式により出題しやすくなり，軌跡や証明の問題も作れるから，数学の王道として出せる分野で，私なら〈最適化〉（線形計画法）を深掘りするためにも力を注ぐが，試験時間とのバランスや個別試験との絡みを考えると何とも言い難い．

❑　逆関数を習わずとも指数と対数はセットでやってきた．対数関数に情報量を思わせる計算をさせるか．三角関数に関して「万物は波である」の観点から，光や音や熱など工学的な対象を身近な生活の話にどう翻訳してくるか．

❑　〈微分・積分〉に関して，誤解を恐れずに〈数学Ⅲ＝微分・積分〉とするならば，共通テストでは短時間での「計算ごっこ」は辞めてもらいたい．特異点（交点や接点）を絡めた求積問題の出題で足りるだろう．旧センター試験を指導していた時は，数学ⅡＢは正しく速く計算させるためにしきりにスポーツ数学（数学と呼びたくないが……）として，タイム圧縮を意識していた．

（数学Ｂ）

　共通テスト数学ⅠＡが 60 分から 70 分に増えたのに対し，ⅡＢが 60 分のままであることと，元々ⅡＢは数学Ⅲの計算への準備科目として計算をベースにしていることから，ⅠＡほど対話形式は増えないだろう．数魔鉄人・黒岩虎雄共著の『大学入学共通テストが目指す新学力観数学ⅠＡ』（現代数学社）には，第 7 章として "センター試験からの架橋" が取り上げられている．2019 年，2020 年のセンター試験の考察から共通テストをイメージしている．

　そういう意味で本当に一番最後に実施された 2020 年センター試験の追試を眺めてみる．ここでは，アルゴリズムの観点で第 3 問（数列）に注目してみた．即一般項を求められるものでなく，周期的にある定数が現れる．偶数列と奇数列の成り立ちが異なるのは，コラッツの問題（別名 $3n+1$ 問題）を彷彿とさせる．自力では難しくても群数列の誘導があるから，答えまで辿り着ける．

初項 a_1 が 1 であり，次の条件①，②によって定まる数列 $\{a_n\}$ を考えよう．

$$a_{2n} = a_n \qquad (n = 1, 2, 3, \cdots) \quad \cdots\cdots①$$

$$a_{2n+1} = a_n + a_{n+1} \qquad (n = 1, 2, 3, \cdots) \quad \cdots\cdots②$$

(1) ①により $a_2 = a_1$ となるので $a_2 = 1$ であり，②により $a_3 = a_1 + a_2$ となるので $a_3 = 2$ である．同様に，

$$a_4 = \boxed{ア}, \quad a_5 = \boxed{イ}, \quad a_6 = \boxed{ウ}, \quad a_7 = \boxed{エ}$$

である．また，a_{18} については，$a_{18} = a_9$ により $a_{18} = \boxed{オ}$ であり，a_{38} については，$a_{38} = a_{19} = a_9 + a_{10}$ により $a_{38} = \boxed{カ}$ である．

(2) k を自然数とする．①により $\{a_n\}$ の第 $3 \cdot 2^k$ 項は $\boxed{キ}$ である．

(3) 数列 $\{a_n\}$ の第 3 項以降を次のように群に分ける．ただし，第 k 群は 2^k 個の項からなるものとする．

$$a_3, a_4 \mid a_5, a_6, a_7, a_8 \mid a_9, \cdots, a_{16} \mid a_{17}, \cdots$$

第 1 群　　　第 2 群　　　第 3 群

2 以上の自然数 k に対して，$\displaystyle\sum_{j=1}^{k-1} 2^j = \boxed{ク}^{\boxed{ケ}} - \boxed{コ}$ なので，第 k 群の最初の項は，$\{a_n\}$ の第 $\left(\boxed{ク}^{\boxed{ケ}} + \boxed{サ} \right)$ 項であり，第 k 群の最後の項は，$\{a_n\}$ の第 $\boxed{ク}^{\boxed{シ}}$ 項である．ただし，$\boxed{ケ}$，$\boxed{シ}$ については，当てはま

るものを，次の ⓪～④ のうちから一つずつ選べ．同じものを選んでもよい．

 ⓪　$k-2$ ①　$k-1$ ②　k ③　$k+1$ ④　$k+2$

 第 k 群に含まれるすべての項の和を S_k， 第 k 群に含まれるすべての奇数番目の項の和を T_k， 第 k 群に含まれるすべての偶数番目の項の和を U_k とする．たとえば，

$$S_1 = a_3 + a_4 , \qquad T_1 = a_3 , \qquad U_1 = a_4$$
$$S_2 = a_5 + a_6 + a_7 + a_8 , \quad T_2 = a_5 + a_7 , \quad U_2 = a_6 + a_8$$

であり，

$$S_1 = \boxed{\text{ス}} , \ S_2 = \boxed{\text{セ}} , \ T_2 = \boxed{\text{ソ}} , \ U_2 = \boxed{\text{タ}}$$

である．

(4) (3)で定めた数列 $\{S_k\}, \{T_k\}, \{U_k\}$ の一般項をそれぞれ求めよう．

 ①により $U_{k+1} = \boxed{\text{チ}}$ となる．また，$\{a_n\}$ の第 2^k 項と第 2^{k+1} 項が等しいことを用いると，②により $T_{k+1} = \boxed{\text{ツ}}$ となる．したがって，

$S_{k+1} = T_{k+1} + U_{k+1}$ を用いると，$S_{k+1} = \boxed{\text{テ}}$ となる．$\boxed{\text{チ}}$，$\boxed{\text{ツ}}$，$\boxed{\text{テ}}$ に当てはまるものを，次の ⓪～⑨ のうちから一つずつ選べ．ただし，同じものを繰り返し選んでもよい．

 ⓪　S_k ①　$S_k + 3k$ ②　T_k ③　U_k ④　$2S_k$
 ⑤　$2T_k$ ⑥　$2T_k + 2k - 1$ ⑦　$2T_k + k(k+1)$ ⑧　$3S_k$
 ⑨　$3S_k + (k-1)(k-2)$

以上のことから，

$$S_k = \boxed{\text{ト}} , \ T_k = \boxed{\text{ナ}} , \ U_k = \boxed{\text{ニ}}$$

である. $\boxed{\text{ト}}$, $\boxed{\text{ナ}}$, $\boxed{\text{ニ}}$ に当てはまるものを, 次の ⓪～(b)のうちか

ら一つずつ選べ. ただし, 同じものを繰り返し選んでもよい.

⓪ $2k^2-4k+3$ 　　　① 3^{k-1} 　　　② $2^{k+1}-2k-1$

③ $2^{k+2}-2k^2-5$ 　　　④ $4k^2-8k+6$ 　　　⑤ $2\cdot3^{k-1}$

⑥ $2^{k+2}-4k-2$ 　　　⑦ $2^{k+3}-4k^2-10$ 　　　⑧ $6k^2-12k+9$

⑨ 3^k 　　　ⓐ $3\cdot2^{k+1}-6k-3$ 　　　ⓑ $3\cdot2^{k+2}-6k^2-15$

$\boxed{\text{解答と解説}}$

漸化式①, ②を用いて実際に数列をつくってみる.

群			1		2				3								4		
n	1	2	3	4	5	6	7	8	9	10	11	12	13	14	15	16	17	18	…
a_n	1	1	2	1	3	2	3	1	4	3	5	2	5	3	4	1	5	4	…

$a_4=\boxed{\text{ア}}=1$, $a_5=\boxed{\text{イ}}=3$, $a_6=\boxed{\text{ウ}}=2$, $a_7=\boxed{\text{エ}}=3$,

$a_{18}=\boxed{\text{オ}}=4$, $a_{38}=\boxed{\text{カ}}=7$, $\boxed{\text{キ}}=2$,

$\displaystyle\sum_{j=1}^{k-1}2^j=\boxed{\text{ク}}^{\boxed{\text{ケ}}}-\boxed{\text{コ}}=2^k-2$, $\left(\boxed{\text{ク}}^{\boxed{\text{ケ}}}+\boxed{\text{サ}}\right)=2^k+1$, $\boxed{\text{ク}}^{\boxed{\text{シ}}}=2^{k+1}$,

$S_1=\boxed{\text{ス}}=3$, $S_2=\boxed{\text{セ}}=9$, $T_2=\boxed{\text{ソ}}=6$, $U_2=\boxed{\text{タ}}=3$,

$U_{k+1}=\boxed{\text{チ}}=S_k$, $T_{k+1}=\boxed{\text{ツ}}=2S_k$, $S_{k+1}=\boxed{\text{テ}}=3S_k$,

$S_k=\boxed{\text{ト}}=6k^2-12k+9$, $T_k=\boxed{\text{ナ}}=2\cdot3^{k-1}$, $U_k=\boxed{\text{ニ}}=3^{k-1}$

第 k 群；$a_{2^k+1},a_{2^k+2},a_{2^k+3},\cdots\cdots,a_{2^{k+1}-1},a_{2^{k+1}}$

第 $k+1$ 群；$a_{2^{k+1}+1},a_{2^{k+1}+2},a_{2^{k+1}+3},\cdots\cdots,a_{2^{k+2}-1},a_{2^{k+2}}$

$U_{k+1}=a_{2^{k+1}+2}+a_{2^{k+1}+4}+\cdots\cdots+a_{2^{k+2}}$

$\qquad=a_{2^k+1}+a_{2^k+2}+\cdots\cdots+a_{2^{k+1}}$

$\qquad=S_k$

$$T_{k+1} = a_{2^{k+1}+1} + a_{2^{k+1}+3} + \cdots\cdots + a_{2^{k+2}-1}$$

$$= \left(a_{2^k} + a_{2^k+1}\right) + \left(a_{2^k+1} + a_{2^k+2}\right) + \cdots\cdots + \left(a_{2^{k+1}-1} + a_{2^{k+1}}\right)$$

$$= 2S_k$$

$$S_{k+1} = T_{k+1} + U_{k+1} = 2S_k + S_k = 3S_k$$

$$S_1 = 3 \text{ と合わせて,} \quad S_k = 3 \cdot 3^{k-1} = 3^k$$

$$T_k = 2S_{k-1} = 2 \cdot 3^{k-1}, \quad U_k = S_{k-1} = 3^{k-1}$$

（倒した）

　　遊歴仲間が，4 月にはコロナウィルス関係のことを《数学の教材化》した．感染曲線の微分方程式を離散化して数列の問題に仕立ててみたり，陽性的中率を条件付き確率で読み解いたりしているのを目の当たりにした．巷間のコロナ論は《命か経済か》という二者択一に走りがちだが，そういう決め方や配分ではないと思う．

　　人間世界に平等に襲いくる命の危機に対して，生き延びる数学を身につけるためにも，《命という学び》を実践するためにも，指導者の役割も大学入学共通テストの出題意図も，重要度を増してくるだろう．

　　わかりやすさに逃げてはいけない．

　　主体的に，対話的に，掘り下げるべし！

Chance favors the prepared mind.
by Louis Pasteur

パスツールのことば
チャンスは準備のある心に舞い降りる

共通テスト数学における質的変化の研究
数学I・A　第1章
初年度出題の概要

　令和3年度大学入学共通テストが，1月16日から17日にかけて実施された．折しも1月8日から2月7日までの1ヶ月間に発令されている新型コロナウイルス感染症緊急事態宣言と重なっている中での実施となった．

黒岩虎雄が　　　斬る

《第1日程の混乱》

　共通テストが緊急事態宣言と重なる可能性は，容易に予見できたものであるが，萩生田文科大臣は2020年11月27日時点で，大学入学共通テストについて「（緊急事態宣言が出た場合であっても）厳格な感染予防を講じたうえで，予定通り実施する方向で準備している」と述べていた．

　冬場の試験の実施には，感染症だけでなく天候も障害になる場合がある．北海道稚内市では雪による悪天候のため16日（初日）の実施が中止となり，73人の受験生が30日の再試験を受験することになった．1日まるごと再試験になるのは，共通1次〜センター試験を通じて初めてのことだという．今年の試験では「失格」となるトラブルがいくつか見られた．

　　入試センターによると，東京都内の会場で受験生1人が16日の
　　地理歴史・公民，国語，外国語の試験中，鼻を出し続けた状態で
　　マスクを着用した．試験監督者が計6回，正しく着用するよう指
　　示したが従わなかったため，不正行為として全科目を無効とし
　　た．このほか，▽国語で定規の使用（静岡県）▽数学で参考書を

　　コピーしたカンニングペーパーの持ち込み（茨城県）▽数学で試
　　験終了後のマークシートへの記入（鳥取県）がそれぞれ確認され
　　た．（読売新聞 1 月 17 日）

　その後は「受験生が，失格を告げられた後，会場内のトイレに立てこも
り警察に退去させられていたことが文部科学省関係者への取材で判明し
た」（毎日新聞 1 月 18 日），「会場側の指示に従わずトイレに閉じこ
もったとして，警視庁が受験生を不退去容疑で逮捕していた」（日経新聞
1 月 19 日）といった続報があった．
　鼻出しマスクでの受験が失格になったことについて，ＳＮＳなどでは戸
惑いと賛否両論が記されているようだが，鼻出しが直ちに失格とされてい
るわけではない．試験監督者の度重なる指示に従わなかったことが失格処
分につながっている．また当該受験生が 49 歳であるという事実が報道さ
れており，さまざまな仮説・憶測が流れているが，本稿では事実の記録の
みを行うこととし，失格となった受験生への論評は差し控える．
　この報道を受けて思い出すのは，昨年 9 月にピーチ・アビエーション
（釧路〜関西国際空港）便の中で，マスク着用を強硬に拒んだ乗客と客室
乗務員の間でトラブルが発生し，新潟空港に臨時着陸した事件である．乗
客は威力業務妨害・傷害・航空法違反（安全阻害行為）の容疑で逮捕され
た．今回の鼻出しマスク事件とは，事案の性質が異なるので同列に論じる
ことはできないが，社会全体として神経質になっているという時代背景は
影響していることだろう．
　文科省発出の「令和 3 年度大学入学者選抜実施要項について（通知）」
（令和 2 年 6 月 19 日）30 ページでは，試験実施のガイドラインとして
「発熱・咳等の症状の有無にかかわらず，試験場内では，昼食時を除き，
マスクの着用を義務づけること．休憩時間や昼食時等の他者との接触，会
話を極力控えるよう要請すること．試験監督者等についても同様であるこ
と」との記載がある．これを受けて，共通テストや各大学の個別入試の募
集要項等において，《マスク着用義務》が明示的に記載されている．
　緊急事態宣言が発令されている中で，大学入学共通テストは粛々と実施
されたが，同時期に首都圏では私立中学・高校の入学試験も始まってい

る．各学校のウェブサイトを観察すると，入学試験当日に「会場入口にサーモグラフィーを設置して検温」，「受験生各々にも当日の検温チェックを要請」，「受験生全員にマスク着用を要請」しつつ「何らかの事情によりマスク着用が困難な場合には，事前に連絡を」といった記載がみられる．例年にない厳戒態勢のもとでの入学試験が実施されている．

《思考力重視への道》

　知識基盤社会への移行やグローバル化の進行など変化の激しい社会においては，社会の変化に対応できる幅広い知識や柔軟な思考力が求められる，とはよく言われる．今般の新型コロナウイルスにまつわる社会の混乱を見て，ますます「覚えたことを吐き出すだけの試験を課していても意味がない」という思いと，「そうは言っても基礎・基本が身についていなければ生き抜くことも難しい」という思いが同居している．

　大学入試センター試験が，暗記重視型学習への偏りを招いたという批判が，共通テスト導入につながった流れが，最初の試験ではどのような形を見せるのか，注目されていた．事前に実施された 2 回にわたる試行調査問題を見ると，数学の問題は長文化しており「数学の学力を発揮する前に情報処理力が前提となる」かのような受け止めが広がっていた．

　いわゆる「太郎・花子問題」というスタイルには賛否両論があった．旧センター試験とは異なり，出題当局は教科書に掲載のない定理も出題すると言っている．

　　「問題の作成に当たっては，日常の事象や，数学のよさを実感できる題材，教科書等では扱われていない数学の定理等を既知の知識等を活用しながら導くことのできるような題材等を含めて検討する．」
　　大学入試センター「令和 3 年度大学入学者選抜に係る大学入学共通テスト問題作成方針」（令和 2 年 1 月 29 日）からの引用

　このような出題を実現するには，《既知の知識等を活用しながら導く》というプロセスが必須となるので，「太郎・花子」に対話をさせる形式が

好都合なのである．今回の第1日程の出題を見てみると，数学ⅠAでは二次関数／確率の問題に，数学Ⅱでは指数関数の問題に「太郎・花子」が登場した．

　二次関数の問題は，「100m走でタイムを向上させる」という日常学校生活上の話題を取り上げ，数学の問題として設定すること，課題を解決することが問になっていた．旧センター試験の二次関数の問題は，問題集で解き方を覚えて，これを正確に再現する訓練によって対応できる問題であったが，共通テストでは一変した．読解力と数学力が，総合的に要求されている．

　もちろん，理念ばかりが先行してこのような問題ばかりを出題しているようでは受験生の得点が圧縮されてしまい，「適切な分布をつくり大学に成績を提供する」という共通テスト本来の目的からすると本末転倒となってしまう．したがって，旧センター試験の出題と大きくは変わらない問題も出題されていた．このような意味で初年度の出題は，旧テストの過去問で学んできた受験生を裏切ることなく，同時に新学力観への移行も進める中庸の出題となった．

シヴァ神の眼光

《流れを何度も確認する出題》

　53万5千人弱の子供たちが第1回大学入学共通テストを受験した．少子化であるにも関わらず，そう急激に受験人口が減らないのは，かつての地域の普通科進学校だけでなく，様々な校種の生徒が受験し始めたからで，共通1次試験やセンター試験が始まった頃よりも受験率（1次試験を受ける受験者数／全国の高校3年生の総人数）は上がっている．なんちゃって受験生（学校推薦型選抜・総合型選抜受験や私立大受験が第1志望のためテンションが低かったり，"受験は団体戦"の名の下に受けるだけ受けてみろと保護者や学校に頼まれて受けるだけの受験生）の存在も増加しているから，平均点を意識すると，問題作成者としてはかなり問題表現に気を取られることは推察できる．実際，過去2回の試行調査と比べて，本番の大

学入学共通テストでは数学ⅠAも数学ⅡBも親切な表現になり，誘導しながらなんとか解答してもらおうという工夫も見られ，コンパクトにまとめてある．試行調査よりは簡単になっているが，出題形式に関しては，センター試験型より試行調査型を実現しており，時間の使い方は "計算をして答えを求める" から "資料を読み取ったり，問題の流れを何度も確認する" へシフトしている．ⅠA・ⅡBセットをひとつの曲だとすると，私はその曲のタイトルを《繰り返し》と名付けた．その感覚で10題を一息で追ってみる．

① 三角形の3辺の長さを使って外側に作った正方形の面積の関係は鋭角・直角・鈍角でどう変わるか？外側にできた三角形の関係でもその検証を（繰り返す）

② 就業者数の変異を年度別箱ひげ図を見ながら考察する．それをヒストグラムや散布図に読み替えて（繰り返す）

③ 当たったくじがどの箱から選んだのかの確率を条件付き確率で求める．2箱での検証を，3箱，4箱になるとどうなるか（繰り返す）

④ 円周上を動く動点がある場所に到達する時のサイコロの目の出方の特徴を考察する．時計回りだけでなく逆回りの考察もしてみる．更に回数を少なくする条件を付け加えて（繰り返す）

⑤ 三角形の2辺に接して，その2辺の作る角の二等分線上に中心を持つ円が絡んでできる特殊点（中心，接点，頂点，分点）が同一円周上にあるか検証．4点の組み合わせを外接円上の点に変えて（繰り返す）

⑥ 三角関数の加法定理が三角関数の合成にどう繋がっているのか正弦で確認する．それを余弦の加法定理でも確認する．更に指数関数で作られた関数で（繰り返す）

⑦ 2次関数の1次式以下の表記は，$x=0$ における接線の式そのものであることを確認する．それを3次関数の場合にも（繰り返す）

⑧ 読書をしない人の分布を二項分布と正規分布で（繰り返す）母比率を変えて（繰り返す）母平均に対する信頼区間を求める調査を（繰り返す）

⑨ 2 種類の数列で生成される漸化式の係数を変えることにより，等差数列
　と等比数列になる場合と，等比数列と等比数列になる場合の条件決定を
　（繰り返す）
⑩ 2 次元平面での正五角形 1 枚でのベクトル利用が，3 次元空間の 2 枚の
　正五角形を繋ぐベクトル利用に増幅して，正十二面体に現れる図形の形
　状があらわになるまで内積計算を（繰り返す）

《各問題にコメント》

　最大公約数的に作成しなければいけない共通テストは 1 問の中に別解を
いくつも示すわけにはいかず，出題分野の縛りがあるが，一つの数学的事
実や数学的手法を繰り返すことにより，各問の前半は低学力者も手をつけ
やすくして，後半になるにつれ思考させるように工夫をしている．私は序
章（前夜の状況の整理）で，大学入学共通テストへの願望を［アルゴリズ
ムと統計］の観点を踏まえて述べた．いま世界はＡＩウィルスに翻弄され
ている．《ＡＩとウィルス》という意味でも，《ＡＩというウィルス》と
いう意味でもある．

　大学入試が《学ぶ世界》へのアドミッション・ポリシーを持ち，ほとん
どの子供がそれを通過儀礼として通るならば，《学びワクチン》の意義を
ますます担う大学入学共通テストは，試験の妥当性はさることながら，実
学の面も見せなければいけない．そういう意味で，私の各問題への観点
は，［アルゴリズムと統計］というフィルターを通していることを再記し
ておく．それでは，問題別に 2 回の試行調査や 2020 年のセンター試験も
頭に置きながら，分析してみる．

【数学Ⅰ】
❏ 第 1 問 ［1］
　命題と論理が出題されていないのは残念だが細々した問いが消え，2 次
方程式の係数によって解の種類がどう変わるかを考察させる誘導となって
いる．ノーヒントなら 2 次試験でも通用する問題となるが，根号内が平方
数になればよいということと，c が整数ということで絞り込める．判別式

の意味や実数と整数の違いに触れ《プログラム思考》にも繋がる良問だが，太郎くんと花子さんの対話にしている意味がない．

❑ 第1問［2］
　三平方の定理の証明にも使われる図が参考図として載せてある．試行調査の2次関数の分野で見られたGEOGEBRAは登場しなかったが，参考図の三角形 ABC の角を頭の中で動かしながら，周囲の3つの三角形の面積や辺がどう変わるか視覚的考察を要する．
　第2回試行調査の第2問のように"時間が経っても3つの三角形の面積が等しい"という結論を彷彿とさせる場面もある．正弦定理・余弦定理をいつ使い，どう使うのかという定理の意味を知っているかを問われるシンプルな問題であるが，数学的背景がしっかり組み込まれており頼もしい．ラストの正弦から余弦のリレーも美しい．

❑ 第2問［1］
　第1回大学入学共通テストの数学Ⅰ部分の代表作と言われたら後にも，"100 m走の問題"と称させるような新テストの顔となるだろう．階段の問題（第2回試行調査第1問）に対して，生徒が戸惑いを示していたが，この問題に対する受験生の声としては"ストライドとピッチの意味がわからなくて焦った"というものが多かった．
　Tシャツの問題（第1回試行調査第2問）と手法は同じで，2次関数がいつ出てくるのかと待ち構えて，2次関数の作り方の問題慣れしていれば解ける問題で，私が推奨したい《最適化問題》への準備としてよい出題だとは思うが，受験生としては中学校での比の問題に対する取り組みの違いが影響するだろう．問題作成者の立場なら，思考力を要する問題にすると，ストライド（1題について考える時間）は大きくなるし，制限時間を考えるとピッチ（1題を解くスピード）は小さくなるので，その相関を考えざるを得ないなと妄想していた．

❏ 第2問［2］

　データの分析に資料読み取りは外せないので，読解力が試されることも含めて，センター試験より試験時間が10分長くなる原因となる分野である．ここにしっかり対話型を入れるべきで，実際に試行調査では2回とも対話型で統計用語の意味を考えさせていたし，定性的な良問もあった．

　何度も図や表と解答群の文章を行ったり来たりするだけで，定義を知っていれば解答はしやすい．統計への苦手意識を植え付けさせたくないのかわからないが，社会の問題のようで，読解力・分析力は試されるが，数学的背景は見られない．

【数学A】

❏ 第3問

　独立試行で，各箱での3回中1回当たる確率を求めてしまえば，その値を使って条件付き確率の式に当てはめるだけで答えは求まる．条件付き確率がわかっていなくても，読解力があれば誘導に乗れる．条件付き確率は，センター試験でも数年連続で出題され，試行調査でも2回とも取り上げられていたが，本問は特に第2回試行調査の第3問を意識している．その問題よりは試験時間を意識して易しくしている．

　ベイズ推定の問題で，数学理論の組み立ての系→公理→定理の流れを思わせるように事実 (*) の存在が計算の煩わしさを避けて，本質を見極めるための問題に変えている．1回1回選ぶ箱を変える問題にすれば応用問題ともなる．作用の結果をデータとみなして，一つ上の次元で次の作用を繰り返すのは《プログラム思考》でもあり，数学的背景も見える．解いた後に心地よい風をもたらしてくれた．

❏ 第4問

　直線の動きならランダムウォーク，円周上をクルクル同一方向に飛ぶなら，継子算絡みとなるが，円周上を時計回りと反時計回りで動かすことにより，$ax+by=1$ （ユークリッドの互除法）の不定方程式をどう解くかの問題への助走区間を広げている．整数問題は解くのに時間かかるので，対話

型や誘導形式が望ましいが，そうすれば受験生は［思考力］と［判断力］を駆使せざるを得なくなる．

一方では，序章でこの分野は $ax+by=1$ 型に帰着する問題にしてほしいと要望したように，問題作成者の［表現力］が問われるところで，着地点だけでなく，最小回数を問いにしたところに数学的視点の灯りを灯している．これまた《プログラム思考》の着眼点でもある．

❑ 第5問

私は常々「万物は直角三角形である」と唱えながら外遊している．3–4–5の直角三角形の中を動く円と外接円を絡めて最終的には《4点共円》の問題に到達する．チェバ・メネラウスの準備をしている受験生は多いと思うし，私もそこから入ろうとしたが，直角三角形をどこに見出して，必要な線分の長さをどの順番で求めるかという流れになる．「直角三角形の斜辺の中点が外接円の中心となる」ことを知っていれば，問題文で誘導されている方べきの定理を使わなくても求まる．

《4点共円》問題は，円周角の定理の逆が主役だが，本問はトレミーの定理の逆でも求められる．あと，方べきの定理の逆や座標幾何，複素数平面，ベクトルなどからのアプローチもできる記述問題として別解に富んだトピックで，配点は小さいだろうから得点には影響なくても，解いて終わりとするわけにはいかない．

【数学ⅠA第2問［1］より二次関数の問題】

　陸上競技の短距離 100m 走では、100m を走るのにかかる時間（以下、タイムと呼ぶ）は、1歩あたりの進む距離（以下、ストライドと呼ぶ）と1秒あたりの歩数（以下、ピッチと呼ぶ）に関係がある。ストライドとピッチはそれぞれ以下の式で与えられる。

$$\text{ストライド（m/歩）} = \frac{100(\text{m})}{100\text{mを走るのにかかった歩数（歩）}}$$

$$\text{ピッチ（歩/秒）} = \frac{100\text{mを走るのにかかった歩数（歩）}}{\text{タイム（秒）}}$$

ただし、100m を走るのにかかった歩数は、最後の1歩がゴールラインをまたぐこともあるので、小数で表される。以下、単位は必要のない限り省略する。

　例えば、タイムが 10.81 で、そのときの歩数が 48.5 であったとき、ストライドは $\frac{100}{48.5}$ より約 2.06、ピッチは $\frac{48.5}{10.81}$ より約 4.49 である。

(1)　ストライドを x、ピッチを z とおく。ピッチは1秒あたりの歩数、ストライドは1歩あたりの進む距離なので、1秒あたりの進む距離すなわち平均速度は、x と z を用いて $\boxed{\text{ア}}$（m/秒）と表される。

　　これより、タイムと、ストライド、ピッチとの関係は

$$\text{タイム} = \frac{100}{\boxed{\text{ア}}} \quad \cdots\cdots① $$

と表されるので，$\boxed{\text{ア}}$ が最大になるときにタイムが最もよくなる．ただし，タイムがよくなるとは，タイムの値が小さくなることである．

$\boxed{\text{ア}}$ の解答群

$⓪\ x+z$　　$①\ z-x$　　$②\ xz$　　$③\ \dfrac{x+z}{2}$　　$④\ \dfrac{z-x}{2}$　　$⑤\ \dfrac{xz}{2}$

(2)　男子短距離 100m 走の選手である太郎さんは，①に着目して，タイムが最もよくなるストライドとピッチを考えることにした．

次の表は，太郎さんが練習で 100m を 3 回走ったときのストライドとピッチのデータである．

	1回目	2回目	3回目
ストライド	2.05	2.10	2.15
ピッチ	4.70	4.60	4.50

また，ストライドとピッチにはそれぞれ限界がある．太郎さんの場合，ストライドの最大値は 2.40，ピッチの最大値は 4.80 である．

太郎さんは，上の表から，ストライドが 0.05 大きくなるとピッチが 0.1 小さくなるという関係があると考えて，ピッチがストライドの 1 次関数として表されると仮定した．このとき，ピッチ z はストライド x を用いて

$$z=\boxed{\text{イウ}}\,x+\dfrac{\boxed{\text{エオ}}}{5}\qquad\cdots\cdots②$$

と表される．

②が太郎さんのストライドの最大値 2.40 とピッチの最大値 4.80 まで成り立つと仮定すると，x の値の範囲は次のようになる．

$$\boxed{カ}.\boxed{キク} \leq x \leq 2.40$$

$y=\boxed{ア}$ とおく．②を $y=\boxed{ア}$ に代入することにより，y を x の関数として表すことができる．太郎さんのタイムが最もよくなるストライドとピッチを求めるためには，$\boxed{カ}.\boxed{キク} \leq x \leq 2.40$ の範囲で y の値を最大にする x の値を見つければよい．このとき，y の値が最大になるのは $x=\boxed{ケ}.\boxed{コサ}$ のときである．

よって，太郎さんのタイムが最もよくなるのは，ストライドが $\boxed{ケ}.\boxed{コサ}$ のときであり，このとき，ピッチは $\boxed{シ}.\boxed{スセ}$ である．また，このときの太郎さんのタイムは，①により $\boxed{ソ}$ である．

$\boxed{ソ}$ については，最も適当なものを，次の ⓪ ～ ⑤ のうちから一つ選べ．

⓪ 9.68   ① 9.97   ② 10.09   ③ 10.33   ④ 10.42   ⑤ 10.55

（2021 共通テスト第1日程・数学ⅠA）

〔解答と解説〕

(1) $\boxed{ア}=$ ②

(2) $\boxed{イウ}x+\dfrac{\boxed{エオ}}{5}=-2x+\dfrac{44}{5}$, $\boxed{カ}.\boxed{キク}=2.00$,

$\boxed{ケ}.\boxed{コサ}=2.20$, $\boxed{シ}.\boxed{スセ}=4.40$, $\boxed{ソ}=$ ③

平均速度を v [m/秒] とすると，ストライド x [m/歩], ピッチ z [歩/秒] を用いて，v [m/秒]$=x$ [m/歩]$\times z$ [歩/秒] と表される．タイムを t [秒] と

すると $vt = 100$ より $t = \dfrac{100}{v} = \dfrac{100}{xz}$

ストライドとピッチのデータを 1 次関数にあてはめると $z = -2x + \dfrac{44}{5}$

条件 $x \leq 2.40$ ，$z \leq 4.80$ より $2.00 \leq x \leq 2.40$ である．

$$y = xz = x\left(-2x + \frac{44}{5}\right) = -2x\left(x - \frac{22}{5}\right)$$

を最大にするのは $x = \dfrac{11}{5} = 2.20$ のときである．

タイムが最もよくなるのは，

ストライドが $x = 2.20$ ，ピッチが $z = \dfrac{22}{5} = 4.40$ のときで，

最良のタイムは $t = \dfrac{100}{xz} = \dfrac{100}{2.2 \times 4.4} = \dfrac{100}{9.68} = 10.32\cdots$

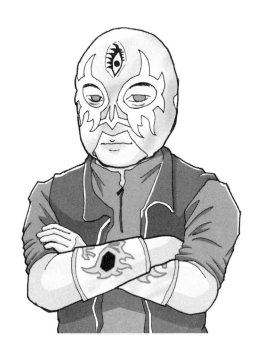

学習指導要領の変遷
①昭和45年告示

　現役指導者世代が学生時代に学んできた学習指導要領（高等学校・数学）を一覧してみることにしよう．およそ半世紀前の昭和45年改訂から順にとりあげる．この学習指導要領は，筆者らが高校生として学んだものである．

昭和45年（1970年）10月告示・第三次改訂

（'73高校入学 '76大学入試）から（'81高校入学 '84大学入試）まで

【数学一般】(1)集合，(2)図形，(3)変化とそのとらえ方，(4)不確実な事象のとらえ方，(5)論理，(6)ベクトルと行列，(7)線形計画の考え，(8)電子計算機と流れ図

【数学Ⅰ】A代数・幾何 (1)数と式，(2)方程式と不等式，(3)ベクトル，(4)平面図形と式，B解析 (1)写像，(2)簡単な関数，(3)三角関数，C確率 (1)確率，D集合・論理 (1)集合と論理

【数学ⅡA】A代数・幾何 (1)行列，B解析 (1)微分法と積分法，C確率・統計 (1)確率と統計，D計算機 (1)電子計算機と流れ図

【数学ⅡB】A代数・幾何 (1)平面幾何の公理的構成，(2)空間における座標とベクトル，(3)行列，(4)二項定理，有限数列，B解析 (1)微分法と積分法

【数学Ⅲ】A解析 (1)数列の極限，(2)微分法とその応用，(3)積分法とその応用，B確率・統計 (1)確率分布，(2)統計的な推測

【応用数学】(1)ベクトルと行列，(2)微分法と積分法(Ⅰ)，(3)確率分布，(4)有限数列，(5)三角関数，(6)微分法と積分法(Ⅱ)，(7)確率と統計の応用，(8)計算機と数値計算，(9)オペレーションズリサーチ

※国立教育政策研究所　教育研究情報データベース（学習指導要領の一覧）

https://erid.nier.go.jp/files/COFS/s45h/chap2-3.htm

　このバージョンの一つ前の（昭和33～35年）改訂から，学習指導要領は法的拘束力を持つ．その後の冷戦構造の中で，旧ソ連が米国よりも先に人工衛星スプートニクの打ち上げに成功した．いわゆる「スプートニク・ショック」をきっかけに，西側諸国は旧ソ連に対抗できるよう教育のレベルを上げようと「教育の近代化」を推進した．

共通テスト数学における質的変化の研究
数学Ⅰ・A　第2章
数と式・2次関数

　ここからは，大学入学共通テストの初年度出題に至る《新学力観》への変遷を，単元別に追っていくことといたしましょう.

　今回は，数学Ⅰから「数と式」「2次関数」を取り上げます. これらの単元は，高校に入学して最初に学ぶものですが，「簡単だ」と舐めてかかって「式の操作方法を覚える」だけの学習になってしまうことは，避けなければなりません.

━━━━━━━━━━━━━ シヴァ神の 眼光 ━━━━━━━━━━━━━

［数と式・集合と命題］

　数は自然数，整数，有理数，実数，複素数と拡張していくが，数学Ⅰは実数を扱う. 実数全体を数直線上で表すと，2点のうち大きな実数が右，小さな実数が左にプロットされ，大小関係があることが利用される. 整数の考察のために，小数部分を丸めるガウス記号や絶対値不等式（第1日程第1問など）を用いて，有理数内での整数や無理数との違いを問われる. 第1問なので作業しやすい計算が多く，根号や絶対値の計算には慣れておきたい. ガウスは "私達に必要なのはアイディアであって，式や記号ではない" と述べているが，式の操作を覚えるのでなく，実数の稠密性や整数の離散性，有理数に比べて無理数は多く存在することなどを，背理法による議論とともに伝えておきたい.

　式については，次数と係数の意味をしっかり押さえたい. 多変数の式から考察して，どの文字が定数で，どの文字についての方程式か？どの文字からどの文字への関数か？を常に意識する習慣をつける. 第1日程数学ⅡB第2問などは，そのことが直接に問いかけられていた. $A = B$ が成り立

つのは，$A \to B$ と $B \to A$ がいずれも成立するときで，双方向の思考の流れを理解して証明しておくことが大切である．包含関係を数直線や領域（数学Ⅱ）で確認するのは集合の関係を利用している．初年度の第1，第2日程ともに命題論理の"必要条件"や"十分条件"の言葉を明記した出題は見られなかったが，証明問題の基礎を作る部分なので日本語文を記号化する訓練をしておきたい．

　命題と論理の知識は，他の単元の基礎も形成する．たとえば確率の問題では，集合論の知識を駆使して翻訳することが多い．また，第1回試行テスト第1問 [2]（三角比），第1日程第1問 [2]（三角比），第2日程数学ⅡB第1問 [2]（三角関数）などでは，証明問題を進める中で必要十分条件を問われた．

[2 次関数]

　陽関数 $y = f(x)$ よりも，陰関数 $F(x, y) = 0$ の方が表現力がある．センター試験が初めから放物線の式を与えて，軸で場合分けをして，判別式や端点の符号に注意して最大・最小を求める問題がメインだったのに比べて，共通テストは《数理化》の力を必要とすることになる．2回の試行テストがグラフ表示ソフト図の利用で2次関数の係数に注目させたのに対し，第1日程も第2日程も問題文から2次関数を作成する問題であった．第1回試行テストと第2日程は共に，売り上げ金額についてだったが，第1日程のように変化する二つのものを予想しにくい出題もあり，様々な分野の現象を観察するメガネがいる．

　条件制約のもとでの最大最小問題は《最適化》と言って，数学Ⅱの領域のところへも繋がるが，《ＡＩ社会を読み解みとく思考》と連動していることを意識させられる．

　3次，4次関数などの整関数への階段と指数・対数・三角関数への誘いという解析の面，方程式の実数条件を利用する代数の面（第1回試行テストのＴシャツの問題では，逆写像の問いかけもあった），平行移動・対称性・相似性が利用できる幾何の面，パラボラとしての軌跡や物理的性質を問う面など，多方面のアプローチが可能な放物線は，直線的思考への戒めをくれる教育的逸材である．

第2章　数と式・2次関数

　ここからは，2018 年に大学入試センターより公表された「記述式を含む参考問題例」から，2021 年の出題への流れを見ていくこととしよう．

〜〜〜〜〜〜〜〜〜〜〜〜 参考問題例（2018）から 〜〜〜〜〜〜〜〜〜〜〜〜〜

　次の問題に対する解答には誤った式変形が含まれている．誤りである式変形を下の記号Ａ〜Ｄのうちから一つ選び，その式変形が誤りである理由を説明せよ．解答は，解答欄 **(あ)** に記述せよ．

［問題］a を実数とするとき，次の式を簡単にせよ．

$$(1)\quad \sqrt{a^2+2a+1} \qquad\qquad (2)\quad \sqrt{a^4+2a^2+1}$$

―(1)の解答―

$$\sqrt{a^2+2a+1}\ \ \textcircled{1}$$
$$=\sqrt{(a+1)^2}\ \ \textcircled{2}$$
$$=a+1\ \ \textcircled{3}$$

―(2)の解答―

$$\sqrt{a^4+2a^2+1}\ \ \textcircled{4}$$
$$=\sqrt{(a^2+1)^2}\ \ \textcircled{5}$$
$$=a^2+1\ \ \textcircled{6}$$

Ａ： ①から②への式変形
Ｂ： ②から③への式変形
Ｃ： ④から⑤への式変形
Ｄ： ⑤から⑥への式変形

（2018年 参考問題例）

解答と解説

誤りである式変形の記号：Ｂ

(あ) $\sqrt{(a+1)^2}\geq 0$ であるが，$a<-1$ のときは $a+1<0$ であり，等式が成り立たないから．

黒岩虎雄

　誤答例の研究は，よく行われているし，授業に取り入れている先生も多いことだろう．本問の誤りは $\sqrt{x^2}=x$ （正しくは $\sqrt{x^2}=|x|$ ）というもので，教室でもポピュラーに見かけるタイプの勘違いである．日々の授業の中で，こうした勘違いを発見しては，指導して正していくという営みは大切である．これは，生徒たちの協働作業により見つけることは困難で，教員サイドが生徒たちのノート・思考までしっかり観察してあげることが大切であると考える．

〜〜〜〜〜〜〜〜〜〜〜〜 参考問題例（2018）から 〜〜〜〜〜〜〜〜〜〜〜〜

　1 より大きい実数 x に対して，縦の長さが 1 で横の長さが x である長方形を考える．この長方形の中に，下の図のように 1 辺の長さが 1 の正方形を敷き詰める．このとき，残った長方形がもとの長方形と相似であるような x のことを一般に貴金属比という．特に敷き詰めた正方形が 1 個のときは黄金比，2 個のときは白銀比，3 個のときは青銅比と呼ばれている．

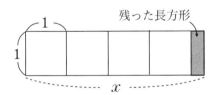

　次の問いに答えよ．ただし，必要に応じて添付の平方根の表（省略）を用いてもよい．

(1) 縦の長さが 1 で横の長さが a である長方形に，1 辺の長さが 1 の正方形を 3 個敷き詰めたとき，残った長方形がもとの長方形と相似であった．このとき，a の小数部分を求めよ．$\dfrac{\sqrt{\boxed{アイ}}-\boxed{ウ}}{2}$

(2) 縦の長さが 1 で横の長さが b である長方形に，1辺の長さが 1 の正方形を 9 個敷き詰めたとき，残った長方形がもとの長方形と相似であった．このとき，b の小数部分を，小数第 4 位を四捨五入して小数第 3 位まで求めよ．0.$\boxed{\text{エオカ}}$

(3) 縦の長さが 1 で横の長さが c である長方形に，1辺の長さが 1 の正方形を n 個敷き詰めたとき，残った長方形がもとの長方形と相似であった．また，c の小数部分を，小数第 4 位を四捨五入して小数第 3 位まで求めたところ，0.162 であった．このとき，n を求めよ．$n = \boxed{\text{キ}}$

（2018年 参考問題例）

> **解答と解説**

(1) $\dfrac{\sqrt{\boxed{\text{アイ}}} - \boxed{\text{ウ}}}{2} = \dfrac{\sqrt{13}-3}{2}$

$1 : a = (a-3) : 1$ より $a^2 - 3a - 1 = 0$ を解くと，$a = \dfrac{3 \pm \sqrt{13}}{2}$

正方形を 3 個敷き詰めることができるから，$3 < a < 4$ であって，

$a = \dfrac{3+\sqrt{13}}{2}$ である．a の整数部分が 3 で，小数部分は $a - 3 = \dfrac{\sqrt{13}-3}{2}$

(2) 0.$\boxed{\text{エオカ}}$ $= 0.110$

$1 : b = (b-9) : 1$ より $b^2 - 9b - 1 = 0$ を解くと，$b = \dfrac{9 \pm \sqrt{85}}{2}$

正方形を 9 個敷き詰めることができるから，$9 < b < 10$ であって，

$b = \dfrac{9+\sqrt{85}}{2}$ である．b の小数部分は $b - 9 = \dfrac{\sqrt{85}-9}{2}$

平方根の表により $\sqrt{85} = 9.2195$ で，$b - 9 = \dfrac{0.2195}{2} = 0.10975$

小数第 4 位を四捨五入して小数第 3 位まで求めると，0.110

(3) $n = \boxed{キ} = 6$

1:$c=(c-n):1$ より $c^2-nc-1=0$ を解くと，$c=\dfrac{n\pm\sqrt{n^2+4}}{2}$

$n<c<n+1$ より $c=\dfrac{n+\sqrt{n^2+4}}{2}$ で，c の小数部分は $c-n=\dfrac{\sqrt{n^2+4}-n}{2}$

c の小数部分を小数第 3 位まで求めたところ，0.162 であったから，

$\sqrt{n^2+4}-n\fallingdotseq 0.324$

平方根の表をみると，$\sqrt{40}=6.3246$ が見つかるので，

$n^2+4=40$ となる $n=6$ が答えである．

┌─────────┐
│ 黒岩虎雄 │
└─────────┘

　本問の「貴金属比」とは，$1:\dfrac{n+\sqrt{n^2+4}}{2}$　（ $n\in\mathbb{N}$ ）で表される比のこと

である．高校生が事前に知識を蓄えておくことは不要であって，問題文の
情報を《現場で読解》できれば足りる．

令和参年度・第 1 日程の出題から

　c を正の整数とする．x の 2 次方程式
$$2x^2+(4c-3)x+2c^2-c-11=0$$
について考える．

(1) $c=1$ のとき，①の左辺を因数分解すると
$$\left(\boxed{ア}x+\boxed{イ}\right)\left(x-\boxed{ウ}\right)$$

であるから，①の解は $x=-\dfrac{\boxed{イ}}{\boxed{ア}},\boxed{ウ}$ である．

(2) $c=2$ のとき，①の解は $x = \dfrac{-\boxed{エ} \pm \sqrt{\boxed{オカ}}}{\boxed{キ}}$ であり，

大きい方の解を α とすると $\dfrac{5}{\alpha} = \dfrac{\boxed{ク} + \sqrt{\boxed{ケコ}}}{\boxed{サ}}$ である.

また，$m < \dfrac{5}{\alpha} < m+1$ を満たす整数 m は $\boxed{シ}$ である.

(3) 太郎さんと花子さんは，①の解について考察している.

> 太郎：①の解は c の値によって，ともに有理数である場合もあ
> れば，ともに無理数である場合もあるね. c がどのような
> 値のときに，解は有理数になるのかな.
> 花子：2次方程式の解の公式の根号の中に着目すればいいん
> じゃないかな.

①の解が異なる二つの有理数であるような正の整数 c の個数は $\boxed{ス}$ 個である.

（2021 共通テスト第1日程・数学ⅠA）

解答と解説

(1) ①は $\left(\boxed{ア}x + \boxed{イ}\right)\left(x - \boxed{ウ}\right) = (2x+5)(x-2) = 0$ ，解は $x = -\dfrac{2}{5}, 2$

(2) $c=2$ のとき①は $2x^2 + 5x - 5 = 0$ で，

解は $\dfrac{-\boxed{エ} \pm \sqrt{\boxed{オカ}}}{\boxed{キ}} = \dfrac{-5 \pm \sqrt{65}}{4}$

$\alpha = \dfrac{-5 + \sqrt{65}}{4}$ ，$\dfrac{5}{\alpha}$ を計算すると，$\dfrac{\boxed{ク} + \sqrt{\boxed{ケコ}}}{\boxed{サ}} = \dfrac{5 + \sqrt{65}}{2}$

$8 < \sqrt{65} < 9$ より $\dfrac{13}{2} < \dfrac{5}{\alpha} < 7$ だから整数部分は $m = \boxed{シ} = 6$

(3) c が正の整数で,①の解 $x = \dfrac{-(4c-3) \pm \sqrt{97-16c}}{4}$ が有理数となる条件

は,根号の内部 $97-16c$ が平方数となること.

c	1	2	3	4	5	6
$97-16c$	81	65	49	33	17	1

表により,$c=1,3,6$ の $\boxed{\text{ス}}$ $=3$ 個である.

$\boxed{\text{黒岩虎雄}}$

「記述式延期」が発表された 2019 年 12 月時点では,初年度共通テストの問題はすでに組み上がっていたことだろう.ということから,本問の問(3) $\boxed{\text{ス}}$ の部分は,もしかすると《記述式》という想定で準備をしていた問題であったものを,《短答式》に手直しした出題であった可能性も考えられる.

❧❧❧❧❧❧❧❧❧❧ (令和参年度・第2日程の出題から) ❧❧❧❧❧❧❧❧❧❧

a,b を定数とするとき,x についての不等式 $|ax-b-7|<3$ ……①

を考える.

(1) $a=-3$,$b=-2$ とする.①を満たす整数全体の集合を P とする.

この集合 P を,要素を書き並べて表すと $P=\left\{\boxed{\text{アイ}},\boxed{\text{ウエ}}\right\}$ となる.

(2) $a=\dfrac{1}{\sqrt{2}}$ とする.

(ⅰ) $b=1$ のとき,①を満たす整数は全部で $\boxed{\text{オ}}$ 個である.

(ⅱ) ①を満たす整数が全部で $\left(\boxed{\text{オ}}+1\right)$ 個であるような正の整数 b

のうち,最小のものは $\boxed{\text{カ}}$ である.

(2021 共通テスト第2日程・数学ⅠA)

解答と解説

(1) $\left\{\boxed{\textbf{アイ}},\boxed{\textbf{ウエ}}\right\}=\{-2\,,-1\}$

　　$a=-3$, $b=-2$ のとき $\left|-3x-5\right|<3$, $-8<3x<-2$, 整数解は $x=-2\,,-1$

(2) $\boxed{\textbf{オ}}=8$, $\boxed{\textbf{カ}}=3$

　　$a=\dfrac{1}{\sqrt{2}}$ なので①は $\left|\dfrac{1}{\sqrt{2}}x-b-7\right|<3$, $-3<\dfrac{1}{\sqrt{2}}x-b-7<3$

　　　　$(b+4)\sqrt{2}<x<(b+10)\sqrt{2}$

　　$\sqrt{2}=1.41\cdots$ を用いて，正の整数 b に応じた整数解 x の個数を調べる．

　　　　$b=1$ のとき；$7.05\cdots<x<15.5\cdots$ をみたす整数 x は 8 個．

　　　　$b=2$ のとき；$8.46\cdots<x<16.9\cdots$ をみたす整数 x は 8 個．

　　　　$b=3$ のとき；$9.87\cdots<x<18.3\cdots$ をみたす整数 x は 9 個．

黒岩虎雄

　　区間に含まれる整数値の個数を数える，という出題は，以前にもあった．本問が新機軸と言えるのは，区間の両端が $(b+4)\sqrt{2}<x<(b+10)\sqrt{2}$ のように無理数であることだ．単に区間の長さが $6\sqrt{2}=8.48\cdots$ であることだけをもって，区間に含まれる整数値の個数は決められない．「手を動かす」ことができた受験生が正解できた．

参考問題例 (2018) から

　　太郎さんと花子さんが働いている弁当屋では，ランチ弁当を販売している．その売り上げを伸ばすために，チラシ配りのアルバイトを雇っている．

　　次の表は，このアルバイトの人数ごとに，1 日の弁当の売上個数の平均値をまとめたものである。アルバイトの人数が 0 人のときのデータはチラシを配らなかった日の売上個数の平均値を表している。

アルバイトの人数	0	1	2	3	4
弁当の売上個数(平均値)	120.0	137.9	145.3	151.0	155.8

二人の会話を読んで，下の問いに答えよ．

太郎：アルバイトを増やすほど売上個数が増えているね．もっ
　　　とアルバイトを増やせば，さらに売り上げが伸びるんじゃ
　　　ないかな．

花子：でも，アルバイトの数が増えるにつれて，売上個数の増
　　　え方はだんだん減っているよ．それに，アルバイトを増や
　　　すと経費が増えるから，利益が増えるかどうかをよく考え
　　　ないと．

太郎：アルバイトの人数を n 人として横軸に，チラシを配らな
　　　かった日と比べたときの売上個数の増加数を x 個として
　　　縦軸にとったグラフをかいて傾向を調べてみよう．

アルバイトの人数　n(人)	0	1	2	3	4
弁当の売上個数の増加数　x(個)	0.0	17.9	25.3	31.0	35.8

花子：2次関数のグラフが横になったようなグラフだね．

太郎：縦軸と横軸を入れ替えてみようよ．

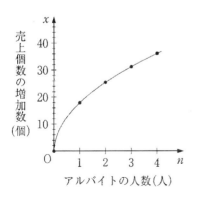

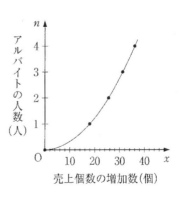

花子：2 次関数のグラフに見えるね.

太郎：$n = ax^2$ の関係が成り立っているようだね. $n = 1, 2, 3, 4$
に対して, x^2 と n の比を求めてみると $\dfrac{x^2}{n}$ の小数第 1 位を
四捨五入したものは, すべて $\boxed{\text{ア}}$ になっているので.
$n > 4$ も含めて $n \geq 0$ に対して $n = \dfrac{x^2}{\boxed{\text{ア}}}$ が成り立つと仮定
して考えてみよう.

(1) $\boxed{\text{ア}}$ に当てはまる最も適当な数を, 次の ⓪〜⑥ のうちから一つ選べ.

⓪　18　　　①　40　　　②　180　　　③　250

④　320　　　⑤　480　　　⑥　640

花子：利益がどれくらい増えるかが大事だから, アルバイト代や
弁当 1 個あたりの利益に基づいて考えないと.

太郎：アルバイト一人あたり 1 日 800 円だからアルバイト代は
$800n$ 円, 弁当 1 個あたりの利益は 220 円だったね. 利益の
増加額を y 円とすると, y は弁当 1 個あたりの利益と売上個
数の増加数 x の積からアルバイト代を引いた式で表せるね.
$n = \dfrac{x^2}{\boxed{\text{ア}}}$ を使うと, y を x だけで表すことができるよ.

太郎：y を x で表した式を作って計算すると,

$$y = \frac{\boxed{\text{イウ}}}{\boxed{\text{エ}}} x^2 + \boxed{\text{オカキ}}\, x$$

となるね. この式の y が $x \geq 0$ の範囲で最大になるときを考
えればいいんだね. ①

(2)　$\boxed{\textbf{イウ}}$，$\boxed{\textbf{エ}}$，$\boxed{\textbf{オカキ}}$ に当てはまる数を答えよ.

(3)　下線部①に関して，一般に，2次関数 $y = f(x)$ が $x > 0$ の範囲で最大値をもつのは，$y = f(x)$ のグラフがどのような特徴をもつときか．そのグラフの特徴を，二つの語句「凸」と「頂点の x 座標」を用いて説明せよ．解答は，解答欄 $\boxed{\textbf{(う)}}$ に記述せよ.

　　　花子：y の値を最大にする x の値が求まれば，$n = \dfrac{x^2}{\boxed{\textbf{ア}}}$ を使ってそのときの n が求められるね.

　　　太郎：これで，利益の増加額を最大にするアルバイトの人数がわかるね.

(4)　太郎さんと花子さんの考え方によると，利益の増加額を最大にするためには，アルバイトの人数は何人にすればよいか．最も適当なものを，次の ⓪〜⑨ のうちから一つ選べ．ただし，必要に応じて添付の平方根の表（省略）を用いてよい．$\boxed{\textbf{ク}}$

　　　⓪　アルバイトを雇わない方がよい.
　　　①　1人　　②　2人　　③　3人　　④　4人
　　　⑤　5人　　⑥　6人　　⑦　7人　　⑧　8人
　　　⑨　アルバイトが多ければ多いほどよい.

（2018年 参考問題例）

解答と解説

(1)　$\boxed{\textbf{ア}}$ = ④

　　$\dfrac{x^2}{n}$ を順に計算すると，$\dfrac{17.9^2}{1} = 320.41$，$\dfrac{25.3^2}{2} = 320.045$，……

(2)　$y = \dfrac{\boxed{イウ}}{\boxed{エ}}x^2 + \boxed{オカキ}\,x = \dfrac{-5}{2}x^2 + 220x$

$y = 220x - 800n$ と $\dfrac{x^2}{n} = 320$ から，$y = -\dfrac{5}{2}x^2 + 220x$

(3)　$\boxed{(う)}$ 上に凸で，頂点の x 座標が正であるという特徴．

(4)　$\boxed{ク} = ⑥$

$y = -\dfrac{5}{2}x^2 + 220x = -\dfrac{5}{2}x(x - 88)$ は，$x = 44$ のときに最大となる．

$\dfrac{x^2}{n} = 320$ にあてはめて，$n = \dfrac{x^2}{320} = \dfrac{44^2}{320} = 6.05$ なので，6 人にする．

(黒岩虎雄)

　日常生活，経営判断の中には「数学に基づく判断」が満ち溢れていることを知らせてくれる出題．2021 年第 1 日程の「100 m 競争」，第 2 日程の「たこ焼き店」につながっている．本問の (4) が分からないような経営者は，会社を潰してしまうのであろう．学生たちには，社会に出る前に，このくらいの数学は身に付けて，判断に活かせるようになってほしい．

〜〜〜〜〜〜〜〜（令和参年度・第 2 日程の出題から）〜〜〜〜〜〜〜〜

　花子さんと太郎さんのクラスでは，文化祭でたこ焼き店を出店することになった．二人は 1 皿あたりの価格をいくらにするかを検討している．次の表は，過去の文化祭でのたこ焼き店の売り上げデータから，1 皿あたりの価格と売り上げ数の関係をまとめたものである．

1 皿あたりの価格(円)	200	250	300
売り上げ数(皿)	200	150	100

(1)　まず，二人は，上の表から，1 皿あたりの価格が 50 円上がると売り上げ数が 50 皿減ると考えて，売り上げ数が 1 皿あたりの価格の 1 次関数

で表されると仮定した．このとき，1皿あたりの価格を x 円とおくと，売り上げ数は $\boxed{\textbf{アイウ}} - x$ ……①と表される．

(2) 次に，二人は，利益の求め方について考えた．

花子：利益は，売り上げ金額から必要な経費を引けば求められるよ．

太郎：売り上げ金額は，1皿あたりの価格と売り上げ数の積で求まるね．

花子：必要な経費は，たこ焼き用器具の賃貸料と材料費の合計だね．材料費は，売り上げ数と1皿あたりの材料費の積になるね．

二人は，次の三つの条件のもとで，1皿あたりの価格 x を用いて利益を表すことにした．

（条件1） 1皿あたりの価格が x 円のときの売り上げ数として①を用いる．

（条件2） 材料は，①により得られる売り上げ数に必要な分量だけ仕入れる．

（条件3） 1皿あたりの材料費は160円である．たこ焼き用器具の賃貸料は6000円である．材料費とたこ焼き用器具の賃貸料以外の経費はない．

利益を y 円とおく．y を x の式で表すと

$$y = -x^2 + \boxed{\textbf{エオカ}}\, x - \boxed{\textbf{キ}} \times 10000 \quad \cdots\cdots②$$

である．

(3)　太郎さんは利益を最大にしたいと考えた．②を用いて考えると，利益が最大になるのは1皿あたりの価格が $\boxed{\text{クケコ}}$ 円のときであり，そのときの利益は $\boxed{\text{サシスセ}}$ 円である．

(4)　花子さんは，利益を7500円以上となるようにしつつ，できるだけ安い価格で提供したいと考えた．②を用いて考えると，利益が7500円以上となる1皿あたりの価格のうち，最も安い価格は $\boxed{\text{ソタチ}}$ 円となる．

（2021 共通テスト第2日程・数学ⅠA）

$\boxed{\text{解答と解説}}$

$\boxed{\text{アイウ}}$ = 400，　$\boxed{\text{エオカ}}$ = 560，　$\boxed{\text{キ}}$ = 7，

$\boxed{\text{クケコ}}$ = 280，　$\boxed{\text{サシスセ}}$ = 8400，　$\boxed{\text{ソタチ}}$ = 250

　1皿の価格 x 円に対する売り上げ数が $400-x$ なので，売り上げ総額は $x(400-x)$ 円．経費は $160\times(400-x)+6000$ 円．利益は，

$$y = x(400-x)-\{160(400-x)+6000\}$$
$$= -x^2+560x-70000$$
$$= -(x-280)^2+8400$$

であるから，$x=280$ 円のときに，y は最大値 8400 円になる．
利益を $y\geq7500$ としたいとき，$7500\leq-(x-280)^2+8400$ より
$(x-280)^2\leq900=30^2$，$250\leq x\leq310$ なので，最安価格は 250 円．

$\boxed{\text{黒岩虎雄}}$

　価格を下げて数を売ることと，利益を上げることは，単純なゼロサムゲームの関係にあるわけではない．これらを適切に両立させることは，顧客に奉仕しつつ，店（会社）を持続的に成長させることに寄与する．このような《判断》においても，数学の力が活かせるのである．

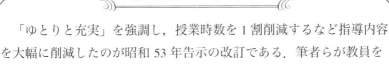

学習指導要領の変遷
②昭和53年告示

　「ゆとりと充実」を強調し，授業時数を1割削減するなど指導内容を大幅に削減したのが昭和53年告示の改訂である．筆者らが教員を始めた頃の学習指導要領である．

昭和53年（1978年）8月告示・第四次改訂
（'82高校入学 '85大学入試）から（'93高校入学 '96大学入試）まで
【数学Ⅰ】(1)数と式，(2)方程式と不等式，(3)関数，(4)図形
【数学Ⅱ】(1)確率と統計，(2)ベクトル，(3)微分と積分，(4)数列，(5)いろいろな関数，(6)電子計算機と流れ図
【代数・幾何】(1)二次曲線，(2)平面上のベクトル，(3)行列，(4)空間図形
【基礎解析】(1)数列，(2)関数，(3)関数値の変化
【微分・積分】(1)極限，(2)微分法とその応用，(3)積分法とその応用
【確率・統計】(1)資料の整理，(2)場合の数，(3)確率，(4)確率分布，(5)統計的な推測
※国立教育政策研究所　教育研究情報データベース（学習指導要領の一覧）
　https://erid.nier.go.jp/files/COFS/s53h/chap2-3.htm

　「教育の現代化」により内容を難しくしたことで，学校の授業についていけなくなる「落ちこぼれ」問題が生じるなど，学習指導要領が窮屈なものであるという批判が生じた．そこで「知・徳・体の調和のとれた人間性豊かな児童生徒の育成」，「ゆとりある充実した学校生活を実現」するというキーワードで改訂が行われた．高等学校では習熟度別学級編制を導入したほか，社会科で「現代社会」を新設した．
　数学に関しては，普通科高校で「数学Ⅰ」，「代数・幾何」，「基礎解析」を標準的に学び，理系進学者のみが「微分・積分」，「確率・統計」を追加して学ぶ建て付けであった．教科書の名称から察せられるように，数学的には筋の通った（数学的整合性をもつ）カリキュラムであった．同時に，文系進学者が「確率」を学ばない事例が多かったことにも問題があったと考えている．

数学I・A　第3章
図形と計量

　大学入学共通テストの初年度出題に至る《新学力観》への変遷を，単元別に追いかけています．今回は「図形と計量」です．

　第3章では，数学Iから「図形と計量」を取り上げます．人類の初期の文明から伝わってきている測量術から始まった，数学の古典のひとつと言える内容です．数学の《活用》という観点からも，新学力観の中軸にある単元のひとつであり，すべての高校生に必修の単元です．

シヴァ神の　眼光

　幾何の分野では，17世紀にデカルトが代数と幾何を繋げて（高校のカリキュラムでは数学IIの「図形と方程式」にあたる）座標幾何から代数幾何の流れを作り，19世紀に関数の概念が浸透すると微分積分を使った解析幾何学が，20世紀には集合論の研究から位相幾何学が発達してポアンカレ予想の解決に繋がるのだが，それまでは初等幾何学が王道であった．高校数学Iの「図形と計量」の分野も含まれる．

　センター試験における「図形と計量」の出題は求値問題で，三角形の合同条件を見定め，正弦定理と余弦定理の利用で三角形を解けばよかった．3辺と1角の関係なら余弦定理から，2組の対辺対角の関係なら正弦定理から考察することになる．

　共通テストの場合は予め考察する三角形が与えられるとは限らない．第1日程も第2日程も参考図はあるもののICT活用を意識してか，動画をイメージしながら，どんな三角形について考察すればよいか探らせてい

る．いずれも「外接円の半径の大小と正弦の値と対辺の相関」についての出題であった．

　第1回試行テストは命題と絡めた論証形式であったが，幾何の証明には慣れておく必要がある．そのときにやっておきたいのは100以上の証明を持つ「三平方の定理」の研究である．その証明の大半は，《面積の利用》か《比の値の利用》である．3辺が a , b , c の三角形の2辺夾角での3通りの面積公式（ $\dfrac{1}{2}bc\sin A = \dfrac{1}{2}ca\sin B = \dfrac{1}{2}ab\sin C$ ）を $\dfrac{abc}{2}$ で割ることにより正弦定理が示される．

　他にも，「図形の性質」の主役であるチェバの定理も面積比で，メネラウスの定理は平行線の比の値を利用して示される．さらに，チェバもメネラウスも正弦定理からでも証明できる．トレミーの定理も面積の利用でも相似比でも証明できる．余弦定理は三平方の定理を2回，中線定理もスチュワートの定理も余弦定理を2回使えば示すことができる．《図形問題の根源は三平方の定理である》といっても過言ではあるまい．一連の定理の流れを鑑賞しておきたい．

　"trigonometry"（三角法）は測量学と天文学をルーツに持つ．日常空間での色々な立体の切り口（第2回試行テストでは階段）を意識したり，動点の動き（第2回試行テストでは2次関数との融合）に注目したり，立体幾何やパラメータとも付き合いながら，世界に潜んでいる図形を発見できる力が問われる．

　「世界は，数学に満ちている」，「日常の中にも，さまざまな数学が隠れている」……遊歴算家として巡業先でこう話すと，最初は信じてくれない生徒もいるが，数楽譜を奏でながら講義を進めていくうちに，納得してくれるようになる．数学を《作業的》に学んでいた生徒に，新たな《世界観》が芽吹くことを期待して，旅を続けている．

第3章　図形と計量

〜〜〜〜〜〜〜〜〜〜〜〜〜〜 参考問題例（2018）から 〜〜〜〜〜〜〜〜〜〜〜〜〜〜

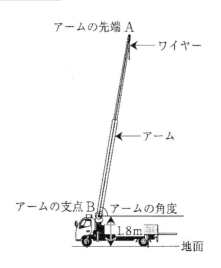

　引っ越しのとき，大きい荷物の搬入に右のようなクレーン車を使用することがある．クレーン車に関する名称を右の図のようにし，アームの先端をA，アームの支点をBとする．アームの支点Bはどのクレーン車においても地面から1.8mの高さにあり，作業する地面は，つねに水平であるとする．また，支点Bを通る水平面とアームを線分とみたてたABとのなす角の大きさをアームの角度と呼ぶことにし，アームの角度は 90° を超えないものとする．次の問いに答えよ．

ただし，必要に応じて添付の三角比の表（省略）を用いてもよい．

(1) アームの長さ AB を 10m とし，長さは変えないものとする．

(ⅰ) 下の図はクレーン車と荷物の位置関係を真上から見たものであり，クレーン車のアームの支点 B から荷物の中心 X までの水平距離は 5m である．アームの先端 A が荷物の中心 X の真上にくるようにするためには，アームの角度は何度にすればよいか，求めよ． クケ °．

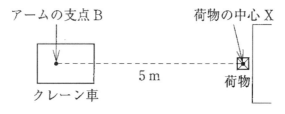

真上から見た図

(ii) 下の図のように，クレーン車と建
物の間に電線がある場合を考える．
電線は A , B , X を通る平面に垂直
で，地面から 5m の高さにあり，ク
レーン車のアームの支点 B から電線
までの水平距離は 2m である．アー
ムが電線の上側にあるときのアーム
の角度を下の ⓪〜⑦のうちからすべ
て選べ． コ

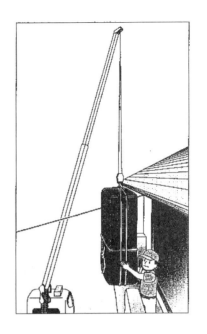

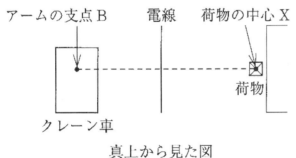

　アームの支点 B　　　電線　　荷物の中心 X

クレーン車

真上から見た図

| ⓪ | 40° | ① | 45° | ② | 50° | ③ | 55° |
| ④ | 60° | ⑤ | 65° | ⑥ | 70° | ⑦ | 75° |

(2) アームの全長が 8m であ
り，アームの先端 A から
3m の支点 C で屈折できるよ
うなクレーン車がある．この
とき，支点 B を通る水平面
と，線分 BC 及び線分 AB
のなす角をそれぞれアームの
角度，アームの先端までの角
度と呼ぶことにする．ただ
し，アームの長さは変えない
ものとする．

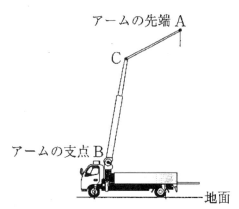

（ⅰ）下の図のように，支点 C で 60° 屈折させる．このときのアームの角
度とアームの先端までの角度を比べるために，∠CBA の大きさを知り
たい．∠CBA の大きさとして，最も近いものを，次の ⓪〜⑦のうち
から一つ選べ．ただし，点 D は，支点 B を通る水平面上にあるアー
ムの先端 A の真下の点とし，点 A，B，C，D は，すべて同一平面上に
あるものとする． サ

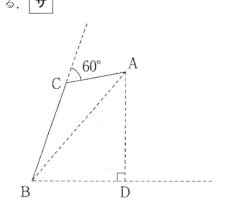

⓪ 15°	① 17°	② 20°	③ 22°
④ 25°	⑤ 27°	⑥ 30°	⑦ 32°

(ⅱ) 下の図のように，支点 C で角度 θ_1 だけ屈折させる．アームの角度
が θ_2 のとき，支点 B を通る水平面上において，アームの先端 A の真
下の点 D と，屈折させる前の先端 A′ の真下の点 D′ の位置を比べた
い．線分 DD′ の長さを θ_1, θ_2 を用いた式で表せ．解答は，解答欄
(い) に記述せよ．ただし，$0° < \theta_1 < 90°$，$0° < \theta_2 < 90°$，$\theta_1 < \theta_2$ と
し，点 A , A′ , B , C , D , D′ は，すべて同一平面上にあるものとする．

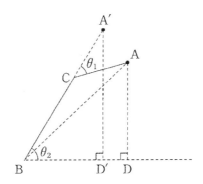

（2018年 参考問題例）

解答と解説

(1) (ⅰ) **クケ** ° = 60°

アームの角度を θ として，$\cos\theta = \dfrac{5}{10}$ とすればよいので $\theta = 60°$

(ⅱ) **コ** = ④, ⑤, ⑥, ⑦（4つマークして正解）

アームの角度を θ として，$\tan\theta > \dfrac{5}{2}$ とすればよい．

三角比の表により，$\tan 68° = 2.4751$，$\tan 69° = 2.6051$ を見つける．

よって，θ は 69° 以上であればよい．

61

(2)（ i ） $\boxed{\text{サ}}$ ＝③

△ABC において，$BC = 5$，$CA = 3$，$\angle ACB = 120°$ である．

余弦定理から，$AB^2 = 3^2 + 5^2 - 2 \cdot 3 \cdot 5 \cos 120° = 49$，$AB = 7$

正弦定理から，$\dfrac{3}{\sin \angle CBA} = \dfrac{7}{\sin 120°}$

$\sin \angle CBA = \dfrac{3\sqrt{3}}{14} = \dfrac{3 \times 1.732\cdots}{14} = 0.3711\cdots$

三角比の表により，$\sin 22° = 0.3746$ がもっとも近い．

よって，$\angle CBA \fallingdotseq 22°$

（ ii ） $\boxed{\text{(い)}}$ 《正答例》$3\cos(\theta_2 - \theta_1) - 3\cos\theta_2$

《留意点》$3\cos(\theta_2 - \theta_1) - 3\cos\theta_2$ と同値な式は正答とする．

（黒岩虎雄）

　三角法は，人類としてはかなりの初期の文明から持っていたようである．測量を通じて地図を作るとか，天文学を通じて暦を作るといった用途があるので，こうした技術を保持することは，権力作用と密接に結びついていたのであろう．

　2018 年に公表された「参考問題例」は，この時点では「記述式」を念頭に置いた出題例とされている．周知のように，後に記述式を含むという出題方針は撤回されるのであるが，これは形式上の変更に過ぎない．

　《新数学観》では，机上の学習でのみの数学（学校ガラパゴス数学）に陥らないよう，数学が社会に開かれたものであることを実感できるような数学観を含めた出題が志向されている．本問も，その一例である．

右の図のように，△ABC の外側に辺 AB，BC，CA をそれぞれ1辺とする正方形 ADEB，BFGC，CHIA をかき，2点 E と F，G と H，I と D をそれぞれ線分で結んだ図形を考える．以下において

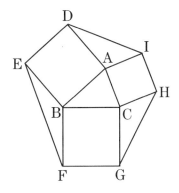

$$BC = a \ , \quad CA = b \ , \quad AB = c$$
$$\angle CAB = A \ , \quad \angle ABC = B \ ,$$
$$\angle BCA = C$$

とする．

(1) $b = 6$，$c = 5$，$\cos A = \dfrac{3}{5}$ のとき，$\sin A = \dfrac{\boxed{セ}}{\boxed{ソ}}$ であり，

△ABC の面積は $\boxed{タチ}$，△AID の面積は $\boxed{ツテ}$ である．

(2) 正方形 BFGC，CHIA，ADEB の面積をそれぞれ S_1，S_2，S_3 とする．このとき，$S_1 - S_2 - S_3$ は

・$0° < A < 90°$ のとき，$\boxed{ト}$．

・$A = 90°$ のとき，$\boxed{ナ}$．

・$90° < A < 180°$ のとき，$\boxed{ニ}$．

$\boxed{ト}$ ～ $\boxed{ニ}$ の解答群（同じものを繰り返し選んでもよい．）

⓪ 0 である　　① 正の値である　　② 負の値である

③ 正の値も負の値もとる

(3)　$\triangle$AID，$\triangle$BEF，$\triangle$CGH の面積をそれぞれ T_1，T_2，T_3 とする．このとき，　ヌ　である．

ヌ　の解答群

⓪　$a < b < c$ ならば，$T_1 > T_2 > T_3$

①　$a < b < c$ ならば，$T_1 < T_2 < T_3$

②　A が鈍角ならば，$T_1 < T_2$ かつ $T_1 < T_3$

③　a，b，c の値に関係なく，$T_1 = T_2 = T_3$

(4)　$\triangle$ABC，$\triangle$AID，$\triangle$BEF，$\triangle$CGH のうち，外接円の半径が最も小さいものを求める．

　　$0° < A < 90°$ のとき，ID　ネ　BC であり

　　（$\triangle$AID の外接円の半径）　ノ　（$\triangle$ABC の外接円の半径）

であるから，外接円の半径が最も小さい三角形は

　　・$0° < A < B < C < 90°$ のとき，　ハ　である．

　　・$0° < A < B < 90° < C$ のとき，　ヒ　である．

ネ　，　ノ　の解答群（同じものを繰り返し選んでもよい．）

⓪ $<$　　　　　　① $=$　　　　　　② $>$

ハ　，　ヒ　の解答群（同じものを繰り返し選んでもよい．）

⓪ $\triangle$ABC　　　① $\triangle$AID　　　② $\triangle$BEF　　　③ $\triangle$CGH

（2021 共通テスト第 1 日程・数学 I A）

64

⎛解答と解説⎞

(1) $\dfrac{\boxed{セ}}{\boxed{ソ}} = \dfrac{4}{5}$, $\boxed{タチ} = 12$, $\boxed{ツテ} = 12$

(2) $\boxed{ト} = ②,$ $\boxed{ナ} = ⓪,$ $\boxed{ニ} = ①$ 　　　$S_1 - S_2 - S_3 = a^2 - \left(b^2 + c^2\right)$

(3) $\boxed{ヌ} = ③$ 　　　$T_1 = T_2 = T_3 = 12$

(4) $\boxed{ネ} = ②,$ $\boxed{ノ} = ②,$ $\boxed{ハ} = ⓪,$ $\boxed{ヒ} = ③$

(2) をヒントに，余弦定理を経由して $ID^2 > b^2 + c^2 > BC^2$ とする．
△AID，△ABC の外接円半径をそれぞれ R, r とすれば，

正弦定理から $\dfrac{BC}{2r} = \sin A = \dfrac{ID}{2R}$

⎛黒岩虎雄⎞

(1)のみが従来の大学入試センター試験と同様の《定量的》出題であり，(2)以下は《定性的》な問いである．おそらく (3) は，記述式の問いとして準備をしていたものが，2019 年 12 月の「記述式見送り」決定に伴い，短答式に変更したのではないかと推測している．

検定教科書に掲載のない命題が導かれるような問いとなっているが，ヒントにしたがって解きすすめていけば，教科書で学んだ知識から自然に接続していることがわかるだろう．

第3章　図形と計量

　平面上に 2 点 A，B があり，AB = 8 である．直線 AB 上にない点 P
をとり，△ABP をつくり，その外接円の半径を R とする．

　太郎さんは，図 1 のように，コンピュータソフトを使って点 P をいろ
いろな位置にとった．

　図 1 は，点 P をいろいろな位置にとったときの △ABP の外接円をか
いたものである．

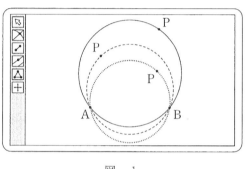

図　　1

(1)　太郎さんは，　点 P のとり方によって外接円の半径が異なることに
　　気づき，次の【問題 1】を考えることにした．

　　【問題 1】点 P をいろいろな位置にとるとき，外接円の半径
　　　　　　　R が最小となる △ABP はどのような三角形か．

　　正弦定理により，$2R = \dfrac{\boxed{\textbf{キ}}}{\sin \angle APB}$ である．よって，R が最小となる

のは $\angle APB = \boxed{\textbf{クケ}}°$ の三角形である．このとき，$R = \boxed{\textbf{コ}}$ である．

(2) 太郎さんは，図2のように，【問題1】の点Pのとり方に条件を付けて，次の【問題2】を考えた．

> 【問題2】直線ABに平行な直線をlとし，直線l上で点Pをいろいろな位置にとる．このとき，外接円の半径Rが最小となる△ABPはどのような三角形か．

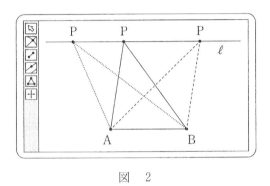

図　2

太郎さんは，この問題を解決するために，次の構想を立てた．

> 【問題2】の解決の構想
> 　　【問題1】の考察から，線分ABを直径とする円をCとし，円Cに着目する．直線lは，その位置によって，円Cと共有点をもつ場合ともたない場合があるので，それぞれの場合に分けて考える．

直線ABと直線lとの距離をhとする．直線lが円Cと共有点をもつ場合は，$h \leq \boxed{\text{サ}}$ のときであり，共有点をもたない場合は，$h > \boxed{\text{サ}}$ のときである．

（ⅰ）　$h \leq$ 　サ　　のとき

　　　直線 l が円 C と共有点をもつので，R が最小となる △ABP
　　は，$h <$ 　サ　　のとき　シ　であり，$h =$ 　サ　　のとき直角二等辺
　　三角形である．

（ⅱ）　$h >$ 　サ　　のとき

　　　線分 AB の垂直二等分線を m とし，直線 m と直線 l との交点を
　　P_1 とする．直線 l 上にあり点 P_1 とは異なる点を P_2 とするとき
　　$\sin\angle AP_1 B$ と $\sin\angle AP_2 B$ の大小を考える．

　　　△ABP_2 の外接円と直線 m との共有点のうち，直線 AB に関し
　　て点 P_2 と同じ側にある点を P_3 とすると，$\angle AP_3 B$　ス　$\angle AP_2 B$ で
　　ある．また，$\angle AP_3 B < \angle AP_1 B < 90°$ より $\sin\angle AP_3 B$　セ　$\sin\angle AP_1 B$
　　である．このとき

　　　（△ABP_1 の外接円の半径）　ソ　（△ABP_2 の外接円の半径）

　　であり，R が最小となる △ABP は　タ　である．

　　　シ，　タ　については，最も適当なものを，次の ⓪〜 ④の
　　うちから一つずつ選べ．ただし，同じものを繰り返し選んでもよ
　　い．
　　　⓪　鈍角三角形　　　①　直角三角形　　　②　正三角形
　　　③　二等辺三角形　　④　直角二等辺三角形

　　　ス　〜　ソ　の解答群（同じものを繰り返し選んでもよい．）

　　　⓪　<　　　　　　①　=　　　　　　②　>

(3)　【問題 2】の考察を振り返って，$h = 8$ のとき，△ABP の外接円の半

　径 R が最小である場合について考える．このとき，$\sin\angle\mathrm{APB} = \dfrac{\boxed{\textbf{チ}}}{\boxed{\textbf{ツ}}}$

　であり，$R = \boxed{\textbf{テ}}$ である．

（2021 共通テスト第 2 日程・数学 I A）

【解答と解説】

(1)　$\boxed{\textbf{キ}} = 8$，$\boxed{\textbf{クケ}} = 90°$，$\boxed{\textbf{コ}} = 4$

(2)　$\boxed{\textbf{サ}} = 4$，$\boxed{\textbf{シ}} = ①$，$\boxed{\textbf{ス}} = ①$，

　　$\boxed{\textbf{セ}} = ⓪$，$\boxed{\textbf{ソ}} = ⓪$，$\boxed{\textbf{タ}} = ③$

(3)　$\dfrac{\boxed{\textbf{チ}}}{\boxed{\textbf{ツ}}} = \dfrac{4}{5}$，$\boxed{\textbf{テ}} = 5$

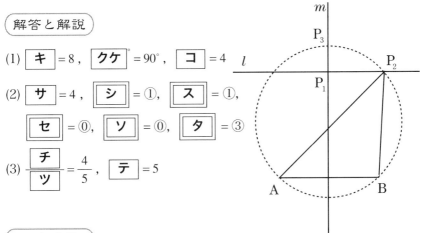

【黒岩虎雄】

　(1) は従来のセンター試験と同様の《定量的》な問い，(2) は場合分けと誘導の上で《定性的》な問い，(3) は (2) の分析を「振り返って」《定量的》に結果を出す問いである．試験の仕様（70 分の時間制限など）として無理がないように計算量を抑えつつ，従来試験と同じ程度の深さまで問いかけるように問題作成がなされていることが見て取れる．

共通テスト数学における質的変化の研究
数学I・A　第4章
データの分析

　第4章では，数学Iから「データの分析」を取り上げます．この単元は，検定教科書では2012年度高校入学生より学習が始まり，大学入試センター試験では2015年より出題が始まりました．統計分野は，数学Iでは《記述統計》を，数学Bでは《推測統計》を取り扱うこととされています．

ーーーーーーーーーーーーーーー　シヴァ神の　眼光　ーーーーーーーーーーーーーーー

　ナイチンゲールはクリミア戦争後，死亡者数のデータを分析し，円グラフ（蝙蝠の翼，鶏頭図）を利用して院内死亡率を下げ，医療統計学を生み出した（2021年慶應大学医学部入試には相関係数の最大・最小問題が出題されている）．大量の情報を図表化して，視覚的にわかりやすく伝えるインフォグラフィックスの先駆的統計学者と言えるだろう．

　センター試験では，ヒストグラム・箱ひげ図・散布図を利用して，データの相関を問われてきた．共通テストの第1日程でも，その流れは変わらず，《数学的思考》というよりは素早く情報を読み取る力が試された．

　第2日程では，平均・分散を求める計算が付加されているが，私たちの唱える《新学力観》からは離れている．ただ計算するのでなく，答えを求めるのでなく，日常現象をどう《数学化》していて，問題を解いた後にも《数学的背景》の振り返りができる問題を求めている．

　《問いを問う》ことができるか，各分野を架橋できるか，が問われているのである．

　相関係数の名前にもなっているカール・ピアソン（ 1857 – 1936 ）は「統計学は科学の文法である」と言っているが，統計に騙されないためにも《数学的背景》は意識しておきたい．統計量についての考察を深める問いをいくつか挙げておく．

❏ ヒストグラムの階級の幅はどうやって決めるのか？
　（スタージェスの法則，二項係数・数列・対数へ）

❏ 最頻値・中央値・平均値のグラフ的意味は何か？
　（最大・最小，面積二分線，重心に絡めて）

❏ 平均偏差（絶対値の和）と標準偏差（二乗和）の幾何的違いは何か？
　（マンハッタン距離とユークリッド距離）

❏ 平均値を軸にした標準偏差と中央値を軸にした四分位偏差をどう使い分けるのか？

❏ 変量を 1 次式で変換したときの平均値や分散・標準偏差の変化について
　（ 2016 年センター本試・追試，2017 年センター本試・追試）

❏ 標準偏差は，何故二乗和なのか？
　（最小二乗法へ，ちなみに，歪度は三乗和，尖度は四乗和が絡む）

❏ 相関関係と因果関係の違いは？
　相関係数の図形的意味は？（ベクトルへ）

❏ 相関係数の絶対値が 1 以下であることを，数学 I の知識で証明せよ．
　（ "大学入学共通テストが目指す新学力観数学 I A" 数魔鉄人・黒岩虎雄共著，現代数学社，p39 〜p44 参照）

❏ 相関係数が線型性の度合いを表すことについて（第 2 回試行テスト）

　ここでは，与えられたデータを解析することについて述べているが，テーマ設定やデータの集め方については論じていない．「データの分析」は記述統計学の範疇で，観察した試料そのものの集団的性質を探るのだが，試料の背後にある母集団を問題にして，データをもとに未観測の事象を予測推定するときには数理統計学の範疇となり，数学Bの「統計的推測」に委ねることとなる．

　この分野は問題が長いので，以下では実際の出題の一部を抜粋して取り上げることとする．

ⅿⅾⅿⅾⅿⅾⅿⅾⅿⅾ（令和参年度・第1日程の出題から）ⅿⅾⅿⅾⅿⅾⅿⅾⅿⅾ

(4)　各都道府県の就業者数の内訳として男女別の就業者数も発表されている．そこで，就業者数に対する男性・女性の就業者数の割合をそれぞれ「男性の就業者数割合」，「女性の就業者数割合」と呼ぶことにし，これらを都道府県別に算出した．図4は，2015年度における都道府県別の，第1次産業の就業者数割合（横軸）と，男性の就業者数割合（縦軸）の散布図である．

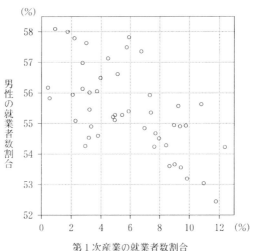

図4　都道府県別の，第1次産業の就業者数割合と，
　　男性の就業者数割合の散布図

(出典：総務省のWebページにより作成)

　各都道府県の，男性の就業者数と女性の就業者数を合計すると就業者数の全体となることに注意すると，2015年度における都道府県別の，第1次産業の就業者数割合（横軸）と，女性の就業者数割合（縦軸）の散布図は ナ である．

　ナ については，最も適当なものを，下の ⓪〜 ③ のうちから一つ選べ．なお，設問の都合で各散布図の横軸と縦軸の目盛りは省略しているが，横軸は右方向，縦軸は上方向がそれぞれ正の方向である．

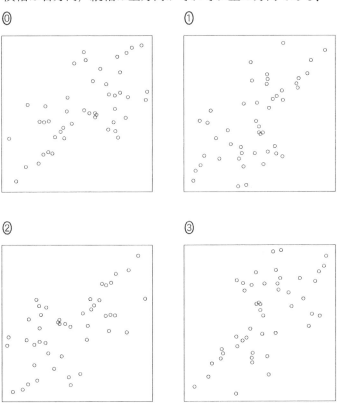

（2021 共通テスト第1日程・数学ⅠA）

第 4 章　データの分析

解答と解説

$\boxed{\textbf{ナ}}$ = ②

　男性の就業者数割合が $r(\%)$ である都道府県における女性の就業者数割合は $100-r(\%)$ である．よって，問に与えられた散布図を，水平な直線に関して対称移動（上下方向に裏返す）で，求める散布図が得られる．

黒岩虎雄

　旧センター試験では，計算した結果の答えをマークシートに埋めていく作業が中心で，《定量的》な問題が大半を占めていた．これに対して，2017 年〜 2018 年のプレテストから初年度（ 2021 年度）共通テストへの流れをみると，計算することなく本質を見極めて解答する《定性的》な問題が見られるようになっている．本問もその一例である．

　問題文中の表示『各都道府県の，男性の就業者数と女性の就業者数を合計すると就業者数の全体となることに注意すると』が明確なヒントになっている．

　選択肢となっている 4 つの散布図をみると，⓪と②は 180° の回転により相互に移りあい，①と③も 180° の回転により相互に移りあう関係になっている．また，⓪，②のグループと①と③のグループは，線対称移動により相互に移りあう関係である．

　このような設定は，2019 年センター試験（数学Ⅰ A）にもみられた．それを取り上げている書籍として，数魔鉄人・黒岩虎雄 共著『大学入学共通テストが目指す新学力観 数学Ⅰ A』（現代数学社，2020 年）の第 7 章 p100 〜 104 も参照していただきたい．

第4章　データの分析

(2) 一般に，度数分布表

階級値	x_1	x_2	x_3	x_4	$\cdots$	x_k	計
度数	f_1	f_2	f_3	f_4	$\cdots$	f_k	n

が与えられていて，各階級に含まれるデータの値がすべてその階級値
に等しいと仮定すると，平均値 $\bar{x}$ は

$$\bar{x} = \frac{1}{n}\left(x_1 f_1 + x_2 f_2 + x_3 f_3 + x_4 f_4 + \cdots + x_k f_k\right)$$

で求めることができる．さらに階級の幅が一定で，その値が h のとき
は

$$x_2 = x_1 + h ,\ \ x_3 = x_1 + 2h ,\ \ x_4 = x_1 + 3h ,\ \ \cdots ,\ \ x_k = x_1 + (k-1)h$$

に注意すると

$$\bar{x} = \boxed{\text{テ}}$$

と変形できる．

$\boxed{\text{テ}}$ については，最も適当なものを，次の ⓪〜 ④のうちから一つ
選べ．

⓪　$\dfrac{x_1}{n}\left(f_1 + f_2 + f_3 + f_4 + \cdots + f_k\right)$

①　$\dfrac{h}{n}\left(f_1 + 2f_2 + 3f_3 + 4f_4 + \cdots + kf_k\right)$

②　$x_1 + \dfrac{h}{n}\left(f_2 + f_3 + f_4 + \cdots + f_k\right)$

③　$x_1 + \dfrac{h}{n}\left\{f_2 + 2f_3 + 3f_4 + \cdots + (k-1)f_k\right\}$

④　$\dfrac{1}{2}\left(f_1 + f_k\right)x_1 - \dfrac{1}{2}\left(f_1 + kf_k\right)$

　図 2 は，2008 年における 47 都道府県の旅券取得者数のヒストグラムである．なお，ヒストグラムの各階級の区間は，左側の数値を含み，右側の数値を含まない．

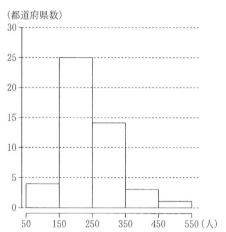

図2　2008 年における旅券取得者数のヒストグラム

（出典：外務省の Web ページにより作成）

　図 2 のヒストグラムに関して，各階級に含まれるデータの値がすべてその階級値に等しいと仮定する．このとき，平均値 $\bar{x}$ は小数第 1 位を四捨五入すると　トナニ　である．

(3)　一般に，度数分布表

階級値	x_1	x_2	x_3	x_4	$\cdots$	x_k	計
度数	f_1	f_2	f_3	f_4	$\cdots$	f_k	n

が与えられていて，各階級に含まれるデータの値がすべてその階級値に等しいと仮定すると，分散 s^2 は

$$s^2 = \frac{1}{n}\left\{\left(x_1 - \overline{x}\right)^2 f_1 + \left(x_2 - \overline{x}\right)^2 f_2 + \cdots + \left(x_k - \overline{x}\right)^2 f_k\right\}$$

で求めることができる．さらに s^2 は

$$s^2 = \frac{1}{n}\left\{\left(x_1^2 f_1 + x_2^2 f_2 + \cdots + x_k^2 f_k\right) - 2\overline{x} \times \boxed{\text{ヌ}} + \left(\overline{x}\right)^2 \times \boxed{\text{ネ}}\right\}$$

と変形できるので

$$s^2 = \frac{1}{n}\left(x_1^2 f_1 + x^2 f_2 + \cdots + x_k^2 f_k\right) - \boxed{\text{ノ}} \qquad \cdots\cdots\cdots\cdots\text{①}$$

である．

$\boxed{\text{ヌ}} \sim \boxed{\text{ノ}}$ の解答群（同じものを繰り返し選んでもよい．）

⓪　n 　　　①　n^2 　　　②　$\overline{x}$ 　　　③　$n\overline{x}$ 　　　④　$2n\overline{x}$

⑤　$n^2\overline{x}$ 　　⑥　$\left(\overline{x}\right)^2$ 　　⑦　$n\left(\overline{x}\right)^2$ 　　⑧　$2n\left(\overline{x}\right)^2$ 　　⑨　$3n\left(\overline{x}\right)^2$

図 3 は，図 2 を再掲したヒストグラムである（省略）．

　図 3 のヒストグラムに関して，各階級に含まれるデータの値がすべてその階級値に等しいと仮定すると，平均値 $\overline{x}$ は (2) で求めた $\boxed{\text{トナニ}}$ である．$\boxed{\text{トナニ}}$ の値と式①を用いると，分散 s^2 は $\boxed{\text{ハ}}$ である．

$\boxed{\text{ハ}}$ については，最も近いものを，次の ⓪〜 ⑦のうちから一つ選べ．

⓪　3900 　　　①　4900 　　　②　5900 　　　③　6900

④　7900 　　　⑤　8900 　　　⑥　9900 　　　⑦　10900

（2021 共通テスト第 2 日程・数学 I A）

> 解答と解説

(2) $\boxed{\text{テ}}$ = ③, $\boxed{\text{トナニ}}$ = 240,

($$\overline{x} = \frac{1}{n}\left(x_1 f_1 + x_2 f_2 + x_3 f_3 + x_4 f_4 + \cdots + x_k f_k\right)$$

ここで，$x_i = x_1 + (i-1)h$ 　（$i = 2, 3, \cdots, k$）であるとき，

$$\overline{x} = \frac{1}{n}\left(x_1 f_1 + \sum_{i=2}^{k} x_i f_i\right)$$

$$= \frac{1}{n}\left(x_1 f_1 + \sum_{i=2}^{k}\left(x_1 + (i-1)h\right)f_i\right)$$

$$= \frac{1}{n}\left(x_1 \sum_{i=1}^{k} f_i + h\sum_{i=2}^{k}(i-1)f_i\right)$$

$$= \frac{1}{n}\left(nx_1 + h\sum_{i=2}^{k}(i-1)f_i\right)$$

$$= x_1 + \frac{h}{n}\sum_{i=2}^{k}(i-1)f_i$$

$$= x_1 + \frac{h}{n}\left\{f_2 + 2f_3 + 3f_4 + \cdots + (k-1)f_k\right\}$$

ヒストグラムを読み取ると，

$$x_1 = 100, \quad x_2 = 200, \quad x_3 = 300, \quad x_4 = 400, \quad x_5 = 500, \quad h = 100$$

$$f_1 = 4, \quad f_2 = 25, \quad f_3 = 14, \quad f_4 = 3, \quad f_5 = 1, \quad n = 47$$

$$\overline{x} = x_1 + \frac{h}{n}\left\{f_2 + 2f_3 + 3f_4 + \cdots + (k-1)f_k\right\}$$

$$= 100 + \frac{100}{47}(25 + 2 \cdot 14 + 3 \cdot 3 + 4 \cdot 1)$$

$$= 100 + \frac{100}{47} \cdot 66 = 240.4\cdots \to 240$$

(3) $\boxed{\text{ヌ}}$ = ③, $\boxed{\text{ネ}}$ = ⓪, $\boxed{\text{ノ}}$ = ⑥, $\boxed{\text{ハ}}$ = ③

分散 s^2 は，

$$s^2 = \frac{1}{n}\sum_{i=1}^{k}\left(x_i - \overline{x}\right)^2 f_i$$

$$= \frac{1}{n}\left\{\sum_{i=1}^{k} x_i^2 f_i - 2\overline{x}\sum_{i=1}^{k} x_i f_i + \overline{x}^2 \sum_{i=1}^{k} f_i\right\}$$

$$= \frac{1}{n}\left\{\sum_{i=1}^{k} x_i^2 f_i - 2\overline{x}\left(n\overline{x}\right) + \overline{x}^2\left(n\right)\right\}$$

$$= \frac{1}{n}\sum_{i=1}^{k} x_i^2 f_i - \overline{x}^2 \quad \cdots\cdots ①$$

ここで,

$$\frac{1}{n}\sum_{i=1}^{k} x_i^2 f_i = \frac{1}{47}\left\{100^2 \cdot 4 + 200^2 \cdot 25 + 300^2 \cdot 14 + 400^2 \cdot 3 + 500^2 \cdot 1\right\}$$

$$= \frac{100^2}{47}\left\{4 + 100 + 126 + 48 + 25\right\}$$

$$= \frac{100^2}{47} \cdot 303$$

$$\fallingdotseq 64468$$

①より,　$s^2 \fallingdotseq 64468 - 240^2 = 6868 \to 6900$

（黒岩虎雄）

　数学 I の単元「データの分析」では, 各種の統計量の《定義》を正確に覚えることが学習の第一歩である. 一方で, 計算という定量的プロセスに入ると, 定義の通りに計算をすることは, 必ずしも得策ではない. そこで, 《公式》を学ぶことになる. 本問(3)では分散 s^2 の

《定義》　$s^2 = \dfrac{1}{n}\sum_{i=1}^{k}\left(x_i - \overline{x}\right)^2 f_i$　から《公式》　$s^2 = \dfrac{1}{n}\sum_{i=1}^{k} x_i^2 f_i - \overline{x}^2$

を導出するプロセスが出題されている.

　旧センター試験の大枠は「導出の結果となる公式を覚えて数値計算をすれば得点になる」ような試験であった. 新たな共通テストは, それ以前の段階の《導出のプロセス》を通じて《概念の理解》の有無を測定している.

　地方の経済活性化のため，太郎さんと花子さんは観光客の消費に着目し，その拡大に向けて基礎的な情報を整理することにした．以下は，都道府県別の統計データを集め，分析しているときの二人の会話である．会話を読んで下の問いに答えよ．ただし，東京都，大阪府，福井県の 3 都府県のデータは 含まれていない．また，以後の問題文では「道府県」を単に「県」として表記する．

> 太郎：各県を訪れた観光客数を x 軸，消費総額を y 軸にとり，
>   散布図をつくると図1のようになったよ．
> 花子：消費総額を観光客数で割った消費額単価が最も高いのは
>   どこかな．
> 太郎：元のデータを使って県ごとに割り算をすれば分かるよ．
>   北海道は……．44 回も計算するのは大変だし，間違えそ
>   うだな．
> 花子：図1を使えばすぐ分かるよ．

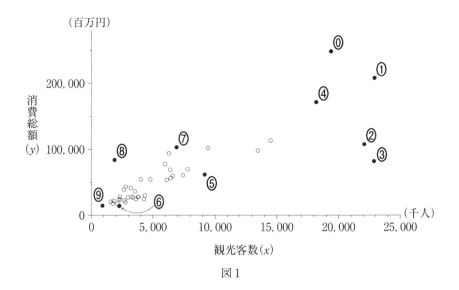

図1

(1)　図1の観光客数と消費総額の間の相関係数に最も近い値を，次の

　　⓪〜④のうちから一つ選べ．　シ

　　　⓪　−0.85　　①　−0.52　　②　0.02　　③　0.34　　④　0.83

(2)　44県それぞれの消費額単価を計算しなくても，図1の散布図から消
　　費額単価が最も高い県を表す点を特定することができる．その方法を，
　　「直線」という単語を用いて説明せよ．（記述式解答欄）(う)

(3) 消費額単価が最も高い県を表す点を，図1の ⓪〜⑨のうちから一つ選

　　べ．　ス　　（以下省略）

　　　　　　　　　　　　　　　　　　（2017 プレテスト・数学ⅠA）

解答と解説

(1)　シ　正の相関がみられる．定性的判断から ④ を選ぶ．

(2)　(う)　各県と原点を結ぶ線分のうち，傾きが最も大きい点を選ぶ．

(3)　ス　下図の点線が，もっとも傾きが大きいものだから ⑧

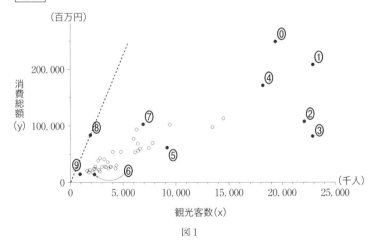

図1

黒岩虎雄

　データの分析については，現行の大学入試センター試験でも 2015 年より出題されてきており，プレテスト段階においても大きな変更は見られなかった．全体的に《定性的》であるという傾向は，《計算しない》傾向と合わせて，旧センター試験では「データの分析」の単元において，すでに現れていた特徴であった．

　冒頭の設問 シ では，与えられた散布図が示す「相関係数に最も近い値」を問う．正の相関の傾向は読み取れるが，0.34 と 0.83 の二択で選ぶにあたり，正解が「自明」であるとも思えない．数学の問いというより，社会科地図帳の読解に近い印象を持つ．

　現在では消えてしまっている「記述式」であるが，設問 (う) は，「消費額単価」という概念の理解と，それが散布図においてどのように現れるのかという資料読解の技術とを結びつける問題であった．

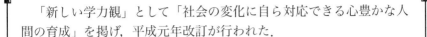

学習指導要領の変遷
③平成元年告示

　「新しい学力観」として「社会の変化に自ら対応できる心豊かな人間の育成」を掲げ，平成元年改訂が行われた．

平成元年（1989年）3月告示・第五次改訂
（'94高校入学 '97大学入試）から（'02高校入学 '05大学入試）まで
【数学Ⅰ】(1)二次関数，(2)図形と計量，(3)個数の処理，(4)確率
【数学Ⅱ】(1)いろいろな関数，(2)図形と方程式，(3)関数の値の変化
【数学Ⅲ】(1)関数と極限，(2)微分法，(3)積分法
【数学A】(1)数と式，(2)平面幾何，(3)数列，(4)計算とコンピュータ
【数学B】(1)ベクトル，(2)複素数と複素数平面，(3)確率分布，(4)算法とコンピュータ
【数学C】(1)行列と線形計算，(2)いろいろな曲線，(3)数値計算，(4)統計処理
※国立教育政策研究所　教育研究情報データベース（学習指導要領の一覧）
　https://erid.nier.go.jp/files/COFS/h01h/chap2-4.htm
※文部科学省ウェブサイト
　https://www.mext.go.jp/a_menu/shotou/old-cs/1322503.htm

　この改訂では，「個に応じた指導」を掲げ，小学校低学年に「生活科」を新設し，高校では「家庭科」が男女とも必修になる，社会化を「地理歴史科」と「公民科」に再編し，「世界史」が必修となった．全般的に選択履修幅を拡大する措置がとられている．
　数学に関しては，コア・カリキュラム（数学Ⅰ・Ⅱ・Ⅲ）とオプション・カリキュラム（数学A・B・C）に分けることになった．教科書に書かれている単元の数よりも，配当されている単位数の方が少ない「選択履修」が導入された．当時の大学入試センター試験では「コンピュータのプログラム（BASIC）」の問題が出題されたが，選択して解答する者は稀少であった．この改訂（選択履修幅の拡大）により，以前の検定教科書がもっていた「数学的な整合性」が失われてしまったと（筆者らは）考えている．

数学I・A　第5章
場合の数と確率

第5章以降は，数学A（選択問題）に進みます．「場合の数と確率」を
取り上げましょう．学習指導要領の変遷を見てみると，この分野は項目の
出入りがあります．現在のカリキュラムでは，《期待値》が数学Bの選択
部分（確率分布と統計的推測）に入っていて，数学Aには含まれていませ
ん．次期学習指導要領では期待値が数学Aに戻ってくることが予定されて
います．また，《条件付き確率》は旧カリキュラム（平成11年3月）では
数学C（確率分布）に入っていたものが，現行カリキュラム（平成20年，
21年改訂）で数学Aに入ってきました．よって，2015年以降の大学入試問
題では条件付き確率の問題が急増しています．

シヴァ神の　眼光

旧大学入試センター試験では，順列・組合せ・反復試行が出題されてき
た．組合せの数がわかり，それぞれの個別の事象が独立であれば，確率は
組合せの数で割れば求められる．したがって，求値問題として各問題に繋
がりがなくてもよかった．起こりうる場合の各事象を同様に《確からし
い》として計算するから，数え上げることさえ出来ればよかったのであ
る．《数学的確率》という範疇内の事前確率計算だった．
　しかし，近年の現行学習指導要領のもとでは《条件付き確率》が主流と
なり，2016年のセンター試験から2021年の共通テストまで連続して出題
されている．ＡＩ社会でビッグデータを取り扱うことが可能になり，頻繁
に情報が上書きされ続けて，《確からしさ》を固定して論じることが困難

になってきたからなのだろう（スパムメールやベイジアンフィルターなどの存在）．

　第 1 回の試行調査では《渋滞学》の一部として，《割合》を確率とみなして計算させる出題がある．第 2 回試行調査や共通テストの第 1 日程では，どちらの箱が有利か考えさせたり，箱の数を変えて事後確率がどう変化するかを問うている．《ベイズ推定》への伏線となる問題である．1700 年代中頃にベイズの定理，1800 年代後半にベイズ統計が使用され始めたとき，フィッシャーが "《主観的確率》は科学的でない" と否定して退けてきたが，もはやこの流れを止めることはできない．

　条件付き確率が主流になり，《統計的確率》から《主観的確率》まで幅広く用いて，原因確率を究明していく流れとなっている．《主観的確率》を証拠に基づいて修正していく手法は，人文系ではヘーゲル弁証法の正反合による《止揚》が，科学哲学的にはポパーの《反証可能性》が相当する．［事後確率＝尤度×事前確率］として求めて，どんどん尤度を変えていくので，日本語の文章から《原因と結果に相当する事象を捉える読解力》や《現象を数理化する力》がより一層問われる．

　確率の話ばかりとなったが《場合の数》の領域では，組合せ論に注目したい．Combinatorics の《数楽譜》は，場合の数に慣れ，順列・組合せを経ると，集合や数の分割から包含排除の原理，二項係数，母関数へと続いてゆく．そもそも，組合せ論は，計算機科学で発達してきて，ネットワーク解析，符号理論，確率論，ウィルス学，実験計画法，ＯＲなどに応用されてきた．母関数から俯瞰して，二項係数の意味を考えると，(えらぶ)・(ならべる)・(かぞえる)というシンプルな行為の組合せからなる複雑な現象を数理的に捉えることができる．

　確率と統計が切り離されてきた学力観は，［確率→試行の繰り返し→確率変数→確率分布→統計解析→データサイエンス］の流れがどんどん強くなり，《統計の中の確率》を考えざるを得ない新学力観に変わっている．《確率という遺伝子》がＡＩ社会に組み込まれた以上，この分野にどう取り組むかで，"嘘をつく人間"，"嘘に騙される人間"，"真理を話す人間"，"真理を問う人間" のいずれになるかの分水嶺となるだろう．

中にくじが入っている箱が複数あり，各箱の外見は同じであるが，当たりくじを引く確率は異なっている．くじ引きの結果から，どの箱からくじを引いた可能性が高いかを，条件付き確率を用いて考えよう．

(1) 当たりくじを引く確率が $\dfrac{1}{2}$ である箱 A と，当たりくじを引く確率が $\dfrac{1}{3}$ である箱 B の二つの箱の場合を考える．

(ⅰ) 各箱で，くじを1本引いてはもとに戻す試行を3回くり返したとき

箱 A において，3回中ちょうど1回当たる確率は $\dfrac{\boxed{ア}}{\boxed{イ}}$ …①

箱 B において，3回中ちょうど1回当たる確率は $\dfrac{\boxed{ウ}}{\boxed{エ}}$ …②

である．

(ⅱ) まず，A と B のどちらか一方の箱をでたらめに選ぶ．次にその選んだ箱において，くじを1本引いてはもとに戻す試行を3回繰り返したところ，3回中ちょうど1回当たった．このとき，箱 A が選ばれる事象を A，箱 B が選ばれる事象を B，3回中ちょうど1回当たる事象を W とすると

$$P(A \cap W) = \dfrac{1}{2} \times \dfrac{\boxed{ア}}{\boxed{イ}} \ , \ P(B \cap W) = \dfrac{1}{2} \times \dfrac{\boxed{ウ}}{\boxed{エ}}$$

である．$P(W) = P(A \cap W) + P(B \cap W)$ であるから，3回中ちょうど1回当たったとき，選んだ箱が A である条件付き確率 $P_W(A)$ は

$\dfrac{\boxed{オカ}}{\boxed{キク}}$ となる．また，条件付き確率 $P_W(B)$ は $\dfrac{\boxed{ケコ}}{\boxed{サシ}}$ となる．

(2)　(1)の $P_W(A)$ と $P_W(B)$ について，次の 事実(*) が成り立つ．

> 事実(*)
> $P_W(A)$ と $P_W(B)$ の 　ス　 は，①の確率と②の確率の 　ス　 に等しい．

　ス　 の解答群

⓪ 和　　　① 2乗の和　　　② 3乗の和　　　③ 比　　　④ 積

(3)　花子さんと太郎さんは 事実(*)について話している．

> 花子： 事実(*)はなぜ成り立つのかな？
> 太郎：$P_W(A)$ と $P_W(B)$ を求めるのに必要な $P(A \cap W)$ と $P(B \cap W)$ の計算で，①，②の確率に同じ数 $\frac{1}{2}$ をかけているからだよ．
> 花子：なるほどね．外見が同じ三つの箱の場合は，同じ数 $\frac{1}{3}$ をかけることになるので，同様のことが成り立ちそうだね．

　当たりくじを引く確率が，$\frac{1}{2}$ である箱 A ，$\frac{1}{3}$ である箱 B ，$\frac{1}{4}$ である箱 C の三つの箱の場合を考える．まず，A，B，C のうちどれか一つの箱をでたらめに選ぶ．次にその選んだ箱において，くじを1本引いてはもとに戻す試行を 3回繰り返したところ，3回中ちょうど1回当たった．このとき，選んだ箱が A である条件付き確率は

$$\frac{\boxed{セソタ}}{\boxed{チツテ}}$$ となる．

(4)

> 花子：どうやら箱が三つの場合でも，条件付き確率の　ス
>
> 　　　　は各箱で 3 回中ちょうど 1 回当たりくじを引く確率の
>
> 　　　　ス　になっているみたいだね．
>
> 太郎：そうだね．それを利用すると，条件付き確率の値は計算
> 　　　しなくても，その大きさを比較することができるね．

当たりくじを引く確率が，$\frac{1}{2}$ である箱 A，$\frac{1}{3}$ である箱 B，$\frac{1}{4}$

である箱 C，$\frac{1}{5}$ である箱 D の四つの箱の場合を考える．まず，A，

B，C，D のうちどれか一つの箱をでたらめに選ぶ．次にその選んだ
箱において，くじを 1 本引いてはもとに戻す試行を 3 回繰り返したと
ころ，3 回中ちょうど 1 回当たった．このとき，条件付き確率を用い
て，どの箱からくじを引いた可能性が高いかを考える．可能性が高い
方から順に並べると　ト　となる．

ト　の解答群

⓪ A，B，C，D　　　① A，B，D，C　　　② A，C，B，D

③ A，C，D，B　　　④ A，D，B，C　　　⑤ B，A，C，D

⑥ B，A，D，C　　　⑦ B，C，A，D　　　⑧ B，C，D，A

（2021 共通テスト第 1 日程・数学 I A）

解答と解説

(1) $\dfrac{\boxed{ア}}{\boxed{イ}}=\dfrac{3}{8}$, $\dfrac{\boxed{ウ}}{\boxed{エ}}=\dfrac{4}{9}$, $\dfrac{\boxed{オカ}}{\boxed{キク}}=\dfrac{27}{59}$, $\dfrac{\boxed{ケコ}}{\boxed{サシ}}=\dfrac{32}{59}$

$$P_W(A)=\frac{P(A\cap W)}{P(W)}=\frac{\dfrac{1}{2}\cdot\dfrac{3}{8}}{\dfrac{1}{2}\cdot\dfrac{3}{8}+\dfrac{1}{2}\cdot\dfrac{4}{9}}=\frac{27}{27+32}=\frac{27}{59}$$

$$P_W(A)+P_W(B)=1 \text{ より } P_W(B)=1-\frac{27}{59}=\frac{32}{59}$$

(2) $\boxed{ス}=③$

$$P_W(A)=\frac{P(A\cap W)}{P(W)} , \quad P_W(B)=\frac{P(B\cap W)}{P(W)} \text{ より}$$

$$\frac{P_W(A)}{P_W(B)}=\frac{P(A\cap W)}{P(B\cap W)}$$

(3) $\dfrac{\boxed{セソタ}}{\boxed{チツテ}}=\dfrac{216}{715}$

$$P(A\cap W)=\frac{1}{3}\times\frac{3}{8} , \quad P(B\cap W)=\frac{1}{3}\times\frac{4}{9} , \quad P(C\cap W)=\frac{1}{3}\times\frac{27}{64}$$

$$P_W(A)=\frac{P(A\cap W)}{P(W)}=\frac{\dfrac{1}{3}\cdot\dfrac{3}{8}}{\dfrac{1}{3}\cdot\dfrac{3}{8}+\dfrac{1}{3}\cdot\dfrac{4}{9}+\dfrac{1}{3}\cdot\dfrac{27}{64}}$$

$$=\frac{216}{216+256+243}=\frac{216}{715}$$

(4) $\boxed{ト}=⑧$

$$P(A\cap W)=\frac{1}{4}\times\frac{3}{8} , \quad P(B\cap W)=\frac{1}{4}\times\frac{4}{9} ,$$

$$P(C\cap W)=\frac{1}{4}\times\frac{27}{64} ,$$

$$P(D \cap W) = \frac{1}{4} \times \left({}_3C_1 \cdot \frac{1}{5} \cdot \left(\frac{4}{5} \right)^2 \right) = \frac{1}{4} \times \frac{48}{125}$$

であり，$\dfrac{4}{9} > \dfrac{1}{2} > \dfrac{27}{64} > \dfrac{48}{125} > \dfrac{3}{8}$ から，

$$P(B \cap W) > P(C \cap W) > P(D \cap W) > P(A \cap W)$$

である．

黒岩虎雄

　冒頭の発問が「くじ引きの結果から，どの箱からくじを引いた可能性が高いかを，条件付き確率を用いて考えよう」と述べている．本問は，いわゆる《原因の確率》を考えさせる問題である．

　ス　は共通テストに固有な《定性的》な出題の例となっている．

　ト　に解答するには多少の（定量的）計算を要するが，全体の流れからすると《定性的》な出題といえるだろう．

令和参年度・第2日程の出題から

　二つの袋 A，B と一つの箱がある．A の袋には赤球 2 個と白球 1 個が入っており，B の袋には赤球 3 個と白球 1 個が入っている．また，箱には何も入っていない．

(1)　A，B の袋から球をそれぞれ 1 個ずつ同時に取り出し，球の色を調べずに箱に入れる．

（i）　箱の中の 2 個の球のうち少なくとも 1 個が赤球である確率は $\dfrac{\boxed{アイ}}{\boxed{ウエ}}$ である．

（ii）　箱の中をよくかき混ぜてから球を1個取り出すとき，取り出した

球が赤球である確率は $\dfrac{\boxed{オカ}}{\boxed{キク}}$ であり，取り出した球が赤球であっ

たときに，それが B の袋に入っていたものである条件付き確率は

$\dfrac{\boxed{ケ}}{\boxed{コサ}}$ である.

(2)　A，B の袋から球をそれぞれ2個ずつ同時に取り出し，球の色を調べ
　　ずに箱に入れる.

（i）　箱の中の4個の球のうち，ちょうど2個が赤球である確率は

$\dfrac{\boxed{シ}}{\boxed{ス}}$ である. また，箱の中の4個の球のうち，ちょうど3個が赤

球である確率は $\dfrac{\boxed{セ}}{\boxed{ソ}}$ である.

（ii）　箱の中をよくかき混ぜてから球を2個同時に取り出すとき，どち

らの球も赤球である確率は $\dfrac{\boxed{タチ}}{\boxed{ツテ}}$ である. また，取り出した2個

の球がどちらも赤球であったときに，それらのうちの1個のみが B

の袋に入っていたものである条件付き確率は $\dfrac{\boxed{トナ}}{\boxed{ニヌ}}$ である.

（2021 共通テスト第2日程・数学 I A）

解答と解説

(1) $\dfrac{\boxed{アイ}}{\boxed{ウエ}} = \dfrac{11}{12}$, $\dfrac{\boxed{オカ}}{\boxed{キク}} = \dfrac{17}{24}$, $\dfrac{\boxed{ケ}}{\boxed{コサ}} = \dfrac{9}{17}$

（ⅰ）余事象（A白，B白）の確率は $\dfrac{1}{3} \cdot \dfrac{1}{4} = \dfrac{1}{12}$

（ⅱ）（A赤，B白）を経由して（赤）を取り出す確率 $\left(\dfrac{2}{3} \cdot \dfrac{1}{4} \right) \cdot \dfrac{1}{2}$

（A白，B赤）を経由して（赤）を取り出す確率 $\boxed{\left(\dfrac{1}{3} \cdot \dfrac{3}{4} \right) \cdot \dfrac{1}{2}}$

（A赤，B赤）を経由して（赤）を取り出す確率

$$\left(\dfrac{2}{3} \cdot \dfrac{3}{4} \right) \cdot \dfrac{1}{2} + \boxed{\left(\dfrac{2}{3} \cdot \dfrac{3}{4} \right) \cdot \dfrac{1}{2}}$$

取り出した球が赤球である確率はこれらの和で $\dfrac{2+3+12}{24} = \dfrac{17}{24}$

取り出した球がBからの赤球である確率は $\boxed{}$ の和で $\dfrac{9}{24}$

(2) $\dfrac{\boxed{シ}}{\boxed{ス}} = \dfrac{1}{3}$, $\dfrac{\boxed{セ}}{\boxed{ソ}} = \dfrac{1}{2}$, $\dfrac{\boxed{タチ}}{\boxed{ツテ}} = \dfrac{17}{36}$, $\dfrac{\boxed{トナ}}{\boxed{ニヌ}} = \dfrac{12}{17}$

（ⅰ）　Aから取り出した球を白，赤，Bから取り出した球を(白)，(赤)と表す．箱の中の 4 個の球のうち，ちょうど 2 個が赤球であるのは「赤，白，(赤)，(白)」を取り出すときで，その確率は

$\dfrac{2}{{}_3C_2} \cdot \dfrac{3}{{}_4C_2} = \dfrac{1}{3}$ である．ちょうど 3 個が赤球であるのは「赤，

白，(赤)，(赤)」または「赤，赤，(赤)，(白)」を取り出すときで，

その確率は $\dfrac{2}{{}_3C_2} \cdot \dfrac{3}{{}_4C_2} + \dfrac{1}{{}_3C_2} \cdot \dfrac{3}{{}_4C_2} = \dfrac{2}{6} + \dfrac{1}{6} = \dfrac{1}{2}$ である．

(ii) 「赤, 白, (赤), (白)」（確率 $\dfrac{2}{6}$）から

$\qquad$「赤, (赤)」を取り出す（確率 $\dfrac{1}{6}$）

「赤, 白, (赤), (赤)」（確率 $\dfrac{2}{6}$）から

$\qquad$取り出した2球がどちらも赤である（確率 $\dfrac{3}{6}$）

$\qquad\qquad$「赤, (赤)」を取り出す（確率 $\dfrac{2}{6}$）

「赤, 赤, (赤), (白)」（確率 $\dfrac{1}{6}$）から

$\qquad$取り出した2球がどちらも赤である（確率 $\dfrac{3}{6}$）

$\qquad\qquad$「赤, (赤)」を取り出す（確率 $\dfrac{2}{6}$）

「赤, 赤, (赤), (赤)」（確率 $\dfrac{1}{6}$）から

$\qquad$取り出した2球がどちらも赤である（確率1）

$\qquad\qquad$「赤, (赤)」を取り出す（確率 $\dfrac{4}{6}$）

箱から取り出した2球がどちらも赤である確率は，

$$\frac{\boxed{タチ}}{\boxed{ツテ}} = \frac{2}{6}\cdot\frac{1}{6} + \frac{2}{6}\cdot\frac{3}{6} + \frac{1}{6}\cdot\frac{3}{6} + \frac{1}{6}\cdot 1 = \frac{17}{36}$$

箱から「赤, (赤)」を取り出す確率は，

$$\frac{2}{6}\cdot\frac{1}{6} + \frac{2}{6}\cdot\frac{2}{6} + \frac{1}{6}\cdot\frac{2}{6} + \frac{1}{6}\cdot\frac{4}{6} = \frac{12}{36}$$

（黒岩虎雄）

初年度第2日程の本問もまた，《原因の確率》を考えさせる問題であった．従来のセンター試験に近い《定量的》な問いとなっている．いずれの設問においても，（ⅰ）が（ⅱ）の適切なヒントとなっている．

　高速道路には，渋滞状況が表示されていることがある．目的地に行く経路が複数ある場合は，渋滞中を示す表示を見て経路を決める運転手も少なくない．太郎さんと花子さんは渋滞中の表示と車の流れについて，仮定をおいて考えてみることにした．

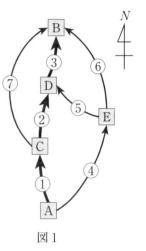

図1

　A地点（入口）からB地点（出口）に向かって北上する高速道路には，図1のように分岐点A,C,Eと合流点B,Dがある．①，②，③は主要道路であり，④，⑤，⑥，⑦は迂回道路である．ただし矢印は車の進行方向を表し，図1の経路以外にA地点からB地点に向かう経路はないとする．また，各分岐点A,C,Eにはそれぞれ①と④，②と⑦，⑤と⑥の渋滞状況が表示される．

　太郎さんと花子さんは，まず渋滞中の表示がないときに，A,C,Eの各分岐点において運転手がどのような選択をしているか調査した．その結果が表1である．

表1

調査日	地点	台数	選択した道路	台数
5月10日	A	1183	①	1092
			④	91
5月11日	C	1008	②	882
			⑦	126
5月12日	E	496	⑤	248
			⑥	248

これに対して太郎さんは，運転手の選択について，次のような仮定をおいて確率を使って考えることにした．

太郎さんの仮定
（ⅰ）表1の選択の割合を確率とみなす．
（ⅱ）分岐点において，二つの道路のいずれにも渋滞中の表示がない場合，またはいずれにも渋滞中の表示がある場合，運転手が道路を選択する確率は（ⅰ）でみなした確率とする．
（ⅲ）分岐点において，片方の道路にのみ渋滞中の表示がある場合，運転手が渋滞中の表示のある道路を選択する確率は（ⅰ）でみなした確率の $\frac{2}{3}$ 倍とする．

ここで，（ⅰ）の選択の割合を確率とみなすとは，例えばA地点の分岐において④の道路を選択した場合 $\frac{91}{1183}=\frac{1}{13}$ を④の道路を選択する確率とみなすということである．

太郎さんの仮定のもとで次の問いに答えよ．

(1) すべての道路に渋滞中の表示がない場合，A地点の分岐において運転手が①の道路を選択する確率を求めよ． $\dfrac{\boxed{アイ}}{\boxed{ウエ}}$

(2) すべての道路に渋滞中の表示がない場合，A地点からB地点に向かう車がD地点を通過する確率を求めよ． $\dfrac{\boxed{オカ}}{\boxed{キク}}$

(3) すべての道路に渋滞中の表示がない場合，A 地点から B 地点に向かう車で D 地点を通過した車が，E 地点を通過していた確率を求めよ．

(4) ①の道路にのみ渋滞中の表示がある場合，A 地点から B 地点に向かう車が D 地点を通過する確率を求めよ．　$\dfrac{\boxed{\text{シス}}}{\boxed{\text{セソ}}}$

　各道路を通過する車の台数が 1000 台を超えると車の流れが急激に悪くなる．一方で各道路の通過台数が 1000 台を超えない限り，主要道路である①，②，③をより多くの車が通過することが社会の効率化に繋がる．したがって，各道路の通過台数が 1000 台を超えない範囲で，①，②，③をそれぞれ通過する台数の合計が最大になるようにしたい．

　このことを踏まえて，花子さんは，太郎さんの仮定を参考にしながら，次のような仮定を置いて考えることにした．

花子さんの仮定
（ⅰ）分岐点において，二つの道路のいずれにも渋滞中の表示がない場合，またはいずれにも渋滞中の表示がある場合，それぞれの道路に進む車の割合は表 1 の割合とする．

（ⅱ）分岐点において，片方の道路にのみ渋滞中の表示がある場合，渋滞中の表示のある道路に進む車の台数の割合は表 1 の割合の $\dfrac{2}{3}$ 倍とする．

　過去のデータから 5 月 13 日に A 地点から B 地点に向かう車は 1560 台と想定している．そこで花子さんの仮定のもとでこの台数を想定してシミュレーションを行った．このとき，次の問いに答えよ．

(5) すべての道路に渋滞中の表示がない場合，①を通過する台数は

$\boxed{\text{タチツテ}}$ 台となる．よって①の通過台数を 1000 台以下にするに

は，①に渋滞中の表示を出す必要がある．

①に渋滞中の表示を出した場合，①の通過台数は $\boxed{\text{トナニ}}$ 台となる．

(6) 各道路の通過台数が 1000 台を超えない範囲で，①，②，③をそれぞれ
通過する台数の合計を最大にするには，渋滞中の表示を $\boxed{\text{ヌ}}$ のよう

にすればよい． $\boxed{\text{ヌ}}$ に当てはまるものを，次の ⓪〜③のうちから一

つ選べ．

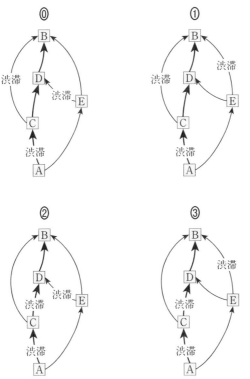

（2017 プレテスト・数学 I A）

解答と解説

(1) $\dfrac{\boxed{アイ}}{\boxed{ウエ}} = \dfrac{12}{13}$　　(2) $\dfrac{\boxed{オカ}}{\boxed{キク}} = \dfrac{11}{13}$

(3) $\dfrac{\boxed{ケ}}{\boxed{コサ}} = \dfrac{1}{22}$　　(4) $\dfrac{\boxed{シス}}{\boxed{セソ}} = \dfrac{19}{26}$

(5) $\boxed{タチツテ} = 1440$, $\boxed{トナニ} = 960$　　(6) $\boxed{ヌ} = ③$

黒岩虎雄

　従来のこの分野では，サイコロとかコインとかを素材にして，組合せ論的に考えることができる仮想世界での問いが多かったが，このプレテストでは「高速道路の渋滞状況」という設定で「現実の事象に対して，学んだ知識を活用しながら理解する」という方向性を打ち出した．

　冒頭にクルマの台数が与えられているが，$(1092, 91)$ という組をみて $12{:}1$ の比率であること，$(882, 126)$ という組をみて $7{:}1$ の比率であることに気付かないと，あとの計算に難儀してしまうだろう．大学を受験しようという人たちなのだから，「そんなことも分からないでどうする」と突き放してもよいのかもしれないが．

　後半の (5), (6) では「渋滞中の表示を出」して車の流れをコントロールしようという設定である．問題の中での設定としてはよいが，現実社会でフェイクの渋滞情報を出すということが実在するものなのか，気にかかるところである．

学習指導要領の変遷
④平成11年告示

　学校週5日制の全面実施に合わせて，授業時数の大幅削減と教育内容の厳選を行ったのが平成11年改訂である．「ゆとり」の中で「特色ある教育」を展開し，「生きる力」（自ら学び考える力など）を育成するとしている．

平成11年（1999年）3月告示・第六次改訂
（'03高校入学 '06大学入試）から（'11高校入学 '14大学入試）まで
【数学基礎】(1)数学と人間の活動，(2)社会生活における数理的な考察，(3)身近な統計
【数学Ⅰ】(1)方程式と不等式，(2)二次関数，(3)図形と計量
【数学Ⅱ】(1)式と証明・高次方程式，(2)図形と方程式，(3)いろいろな関数，(4)微分・積分の考え
【数学Ⅲ】(1)極限，(2)微分法，(3)積分法
【数学A】(1)平面図形，(2)集合と論理，(3)場合の数と確率
【数学B】(1)数列，(2)ベクトル，(3)統計とコンピュータ，(4)数値計算とコンピュータ
【数学C】(1)行列とその応用，(2)式と曲線，(3)確率分布，(4)統計処理
※国立教育政策研究所　教育研究情報データベース（学習指導要領の一覧）
　https://erid.nier.go.jp/files/COFS/h10h/chap2-4.htm
※文部科学省ウェブサイト
　https://www.mext.go.jp/a_menu/shotou/cs/1320144.htm

　この改訂では「生きる力の育成」をキーワードに，「総合的な学習の時間」を新設し，高校では「情報科」を新設した．時代の流れに合わせて新たな教科を設定したのが特徴的である一方，この時期の学習指導要領では学習内容が最も少ない（検定教科書が最も薄い）ものとなった．
　数学に関しても「内容厳選」の影響が見られた．具体的には「場合の数と確率」が数学Ⅰから数学Aに，「数列」が数学Aから数学Bに押し出され，「複素数と複素数平面」が数学Bから消失した．

共通テスト数学における質的変化の研究

数学Ⅰ・A　第6章
整数の性質

　　第6章では，数学Aから「整数の性質」を取り上げます．2022年度からの新教育課程では，独立した単元としての「整数の性質」は姿を消して，数学Aの新たな単元である「数学と人間の活動」に組み込まれることとなります．新課程版の学習指導要領解説には，この単元で身に付けるべき知識及び技能として「数学史的な話題，数理的なゲームやパズルなどを通して，数学と文化との関わりについての理解を深める」ことを挙げています．また，思考力，判断力，表現力等として「パズルなどに数学的な要素を見いだし，目的に応じて数学を活用して考察する」ことを挙げています．

　　このような視点から試行調査や共通テストの出題を眺めると，新課程に向けての準備もなされていることが読み取れるように思えます．

〜〜〜〜〜〜〜〜〜〜〜〜〜〜　シヴァ神の　眼光　〜〜〜〜〜〜〜〜〜〜〜〜〜〜

　　整数問題は，論証問題として出題できるため，主に難関大学の個別試験で出題され続けてきたが，大学入試センター試験としては2015年度入試から導入された．数学Aの選択分野で記述ではないため，《整数の性質》として，約数・倍数に関すること，剰余系，1次不定方程式を押さえておけばよかった．ほぼ毎年のように出題されてきたディオファントスの不定方程式は

　　　　「整数　a, b が互いに素である必要十分条件は，$ax + by = 1$ を

　　　　満たす整数 x, y が存在することである」

　　　　　　　　　　　　　　　　　　　（これを数学的事実☆とする）

100

に帰着されるので，ユークリッドの互除法の理解が必須事項であった．

　共通テストに移行しても，第 1 回試行調査はマス目に記入された数字の剰余，第 2 回試行調査は天秤ばかりと分銅を使う実用的問題，第 1 日程は円周上を移動する点の位置についての問題で，いずれも☆を使い 1 次不定方程式を解けばよかった．

　新学習指導要領の施行を控えて，整数問題は，滑らかに統計に主役を譲るのかと思われた．しかし，第 2 日程の平方和の問題で流れが混沌としてきた．「整数は数学の女王である」と言ったガウスは，《平方剰余の相互法則》を基本定理として研究していた．ラグランジュは「すべての自然数は必ず 4 つの 0 および，自然数の平方の和で表示される」（ラグランジュの四平方定理）ことを示したが，このことを背景に絞り込みの問題が作成されている．受験生はこの事実を知らなくても，誘導に乗れば解けるとはいえ，整数論に取り組んでいなければ即答は無理だろう（降下法など）．

　「計算を速くするための手続き」という意図が隠れているのは，《アルゴリズム》を意識しているからだろう．となると指導者は《初等整数論》を学んでおかねばならない．そのことは，組合せ論や確率から数列，漸化式，多項式，恒等式，生成関数，関数方程式などの分野への準備も兼ねる．解析的整数論は，ゼータ関数や素数定理，代数的整数論はペル方程式やフェルマーの定理へと導き，《思考の山》を高くする．拡散現象は，原始根や平方剰余と絡むので，ガウスの《平方剰余の相互法則》は，音・熱・光に絡んだ実用性に繋がる．素因数分解や暗号理論に利用・研究される整数論は「世界は n 乗に満ちている」ことを教えてくれる．

《新学力観の考察ポイント》
❏ フェルマーの小定理を mod と鳩の巣定理を使う場合と多項定理を利用する場合と，それぞれ証明してみる
❏ オイラーの定理の特別な場合がフェルマーの小定理だが，フェルマーの小定理は《平方剰余の相互法則》にどう関わっているか？
❏ 整数と有理数係数を持つ多項式を環として見たときの類似性について
❏ 百五減算の中国剰余定理を利用した一般化はどうなるか？

❏ abc予想に絡めて，足し算と掛け算の性質が両立しにくい例を考える．
　　（ $a+b=c$ という関係式を満たすならば，a,b,c の3数すべてが，比較的小さい素数だけからなる素因数分解を持つことはありえない）

○プログラミングに際して，知っておきたい関数と数
　［オイラー関数，メビウス関数，床関数（ガウス記号），天井関数，
　　ルジャンドル関数，フェルマー数，メルセンヌ数，完全数］

〜〜〜〜〜〜〜〜〜（令和参年度・第1日程の出題から）〜〜〜〜〜〜〜〜〜

　円周上に15個の点 P_0，P_1，$\cdots$，P_{14} が反時計周りに順に並んでいる．最初，点 P_0 に石がある．さいころを投げて偶数の目が出たら石を反時計周りに5個先の点に移動させ，奇数の目が出たら石を時計周りに3個先の点に移動させる．この操作を繰り返す．例えば，石が点 P_5 にあるとき，さいころを投げて6の目が出たら石を点 P_{10} に移動させる．次に，5の目が出たら点 P_{10} にある石を点 P_7 に移動させる．

(1)　さいころを5回投げて，偶数の目が $\boxed{\text{ア}}$ 回，奇数の目が $\boxed{\text{イ}}$ 回出れば，点 P_0 にある石を点 P_1 に移動させることができる．このとき，$x=\boxed{\text{ア}}$，$y=\boxed{\text{イ}}$ は，不定方程式 $5x-3y=1$ の整数解になっている．

(2)　不定方程式
$$5x-3y=8 \quad \cdots\cdots ①$$
のすべての整数解 x，y は，k を整数として
$$x=\boxed{\text{ア}}\times 8+\boxed{\text{ウ}}k，\quad y=\boxed{\text{イ}}\times 8+\boxed{\text{エ}}k$$
と表される．①の整数解 x，y の中で，$0\leq y<\boxed{\text{エ}}$ を満たすものは

$$x = \boxed{オ} \ , \ y = \boxed{カ}$$

である．したがって，さいころを $\boxed{キ}$ 回投げて，偶数の目が $\boxed{オ}$ 回，奇数の目が $\boxed{カ}$ 回出れば，点 P_0 にある石を点 P_8 に移動させることができる．

(3)　(2)において，さいころを $\boxed{キ}$ 回より少ない回数だけ投げて，点 P_0 にある石を点 P_8 に移動させることはできないだろうか．

　　(＊)　石を反時計周りまたは時計回りに 15 個先の点に移動させると元の点に戻る．

　　(＊)に注意すると，偶数の目が $\boxed{ク}$ 回，奇数の目が $\boxed{ケ}$ 回出れば，さいころを投げる回数が $\boxed{コ}$ 回で，点 P_0 にある石を点 P_8 に移動させることができる．このとき，$\boxed{コ} < \boxed{キ}$ である．

(4)　点 P_1，P_2，…，P_{14} のうちから点を一つ選び，点 P_0 にある石をさいころを何回か投げてその点に移動させる．そのために必要となる，さいころを投げる最小回数を考える．例えば，さいころを1回だけ投げて点 P_0 にある石を点 P_2 へ移動させることはできないが，さいころを2回投げて偶数の目と奇数の目が1回ずつ出れば，点 P_0 にある石を点 P_2 へ移動させることができる．したがって，点 P_2 を選んだ場合には，この最小回数は2回である．
　　点 P_1，P_2，…，P_{14} のうち，この最小回数が最も大きいのは点 $\boxed{サ}$ であり，その最小回数は $\boxed{シ}$ 回である．

$\boxed{サ}$ の解答群

⓪　P_{10}　　　①　P_{11}　　　②　P_{12}　　　③　P_{13}　　　④　P_{14}

（2021 共通テスト第Ⅰ日程・数学ⅠA）

解答と解説

(1) $\boxed{ア}$ ＝ 2 , $\boxed{イ}$ ＝ 3

(2) $\boxed{ウ}$ ＝ 3 , $\boxed{エ}$ ＝ 5 , $\boxed{オ}$ ＝ 4 , $\boxed{カ}$ ＝ 4 , $\boxed{キ}$ ＝ 8

(3) $\boxed{ク}$ ＝ 1 , $\boxed{ケ}$ ＝ 4 , $\boxed{コ}$ ＝ 5

(4) $\boxed{サ}$ ＝ ③ , $\boxed{シ}$ ＝ 6

　　偶数の目を x 回，奇数の目を y 回出して，点 P_n に到達するとき，

$$5x - 3y \equiv n \ (\bmod 15)$$

が成立する．与えられた n に対して，$x+y$ が最小となる解を考える．

　　　$n=10$ のとき；$5x-3y \equiv 10 \ (\bmod 15)$ の解 $(x,y)=(2,0)$ から $x+y=2$

　　　$n=11$ のとき；$5x-3y \equiv 11 \ (\bmod 15)$ の解 $(x,y)=(1,3)$ から $x+y=4$

　　　$n=12$ のとき；$5x-3y \equiv 12 \ (\bmod 15)$ の解 $(x,y)=(3,1)$ から $x+y=4$

　　　$n=13$ のとき；$5x-3y \equiv 13 \ (\bmod 15)$ の解 $(x,y)=(2,4)$ から $x+y=6$

　　　$n=14$ のとき；$5x-3y \equiv 14 \ (\bmod 15)$ の解 $(x,y)=(1,2)$ から $x+y=3$

黒岩虎雄

　　旧センター試験の時代から「整数の性質」分野で頻繁に出題されてきた「1次不定方程式」の問題であるが，双六（すごろく）の設定がなされていて，装いは新しく見えるだろう．

　　冒頭に述べたように，新課程数学Aの単元「数学と人間の活動」で身に付けるべき知識及び技能として「数学史的な話題，数理的なゲームやパズルなどを通して，数学と文化との関わりについての理解を深める」ことが挙げられている．ゲームやパズルには数理的な構造が含まれているので，今後もこうした方向の出題が続いていくのだろう．

第6章　整数の性質

令和参年度・第2日程の出題から

正の整数 m に対して

$$a^2 + b^2 + c^2 + d^2 = m , \quad a \geq b \geq c \geq d \geq 0 \quad \cdots\cdots ①$$

を満たす整数 a , b , c , d の組がいくつあるかを考える.

(1)　$m = 14$ のとき，①を満たす整数 a , b , c , d の組 (a, b, c, d) は

$$\left(\boxed{ア} , \boxed{イ} , \boxed{ウ} , \boxed{エ} \right)$$

のただ一つである.

　　また，$m = 28$ のとき，①を満たす整数 a , b , c , d の組の個数は

$\boxed{オ}$ 個である.

(2)　a が奇数のとき，整数 n を用いて $a = 2n + 1$ と表すことができる. このとき，$n(n+1)$ は偶数であるから，次の条件がすべての奇数 a で成り立つような正の整数 h のうち，最大のものは $h = \boxed{カ}$ である.

　　　　条件：$a^2 - 1$ は h の倍数である.

よって，a が奇数のとき，a^2 を $\boxed{カ}$ で割ったときの余りは1である.

　　また，a が偶数のとき，a^2 を $\boxed{カ}$ で割ったときの余りは，0 または 4 のいずれかである.

(3)　(2)により，$a^2 + b^2 + c^2 + d^2$ が $\boxed{カ}$ の倍数ならば，整数 a , b , c ,

d のうち，偶数であるものの個数は $\boxed{キ}$ 個である.

(4) (3)を用いることにより，m が $\boxed{\text{カ}}$ の倍数であるとき，①を満たす整数 a，b，c，d が求めやすくなる．

　　例えば，$m = 224$ のとき，①を満たす整数 a，b，c，d の組 (a,b,c,d) は

$$\left(\boxed{\text{クケ}}\,,\,\boxed{\text{コ}}\,,\,\boxed{\text{サ}}\,,\,\boxed{\text{シ}}\right)$$

のただ一つであることがわかる．

(5) 7 の倍数で 896 の約数である正の整数 m のうち，①を満たす整数 a，b，c，d の組の個数が $\boxed{\text{オ}}$ 個であるものの個数は $\boxed{\text{ス}}$ 個であり，そのうち最大のものは $m = \boxed{\text{セソタ}}$ である．

（2021 共通テスト第 2 日程・数学 I A）

> 解答と解説

(1) $\left(\boxed{\text{ア}}\,,\,\boxed{\text{イ}}\,,\,\boxed{\text{ウ}}\,,\,\boxed{\text{エ}}\right) = (3,2,1,0)$，$\boxed{\text{オ}} = 3$

$m = 28$ に対しては，$(5,1,1,1)$，$(3,3,3,1)$，$(4,2,2,2)$ の 3 組．

(2) $\boxed{\text{カ}} = 8$

$a = 2n+1$ のとき $a^2 - 1 = (a-1)(a+1) = 4n(n+1)$ は 8 の倍数．

mod 8 で平方数を調べると

a	0	1	2	3	4	5	6	7
a^2	0	1	4	1	0	1	4	1

(3) $\boxed{\text{キ}} = 4$

(4) $\left(\boxed{\text{クケ}}\,,\,\boxed{\text{コ}}\,,\,\boxed{\text{サ}}\,,\,\boxed{\text{シ}}\right) = (12,8,4,0)$

$m = 224 = 8 \times 28$ のとき a,b,c,d すべて偶数なので，

$a = 2a'$ などとおくと $(2a')^2 + (2b')^2 + (2c')^2 + (2d')^2 = 224$ から

$(a')^2 + (b')^2 + (c')^2 + (d')^2 = 56 = 8 \times 7$ を得る．

a', b', c', d' もすべて偶数なので，$a' = 2a''$ などとおくと

$(2a'')^2 + (2b'')^2 + (2c'')^2 + (2d'')^2 = 56$ から

$(a'')^2 + (b'')^2 + (c'')^2 + (d'')^2 = 14$ を得る．この解は (1) で求めている．

(5) 　$\boxed{ス}$ $= 3$，　$\boxed{セソタ}$ $= 448$

$896 = 2^7 \times 7$ の約数 m に対して $a^2 + b^2 + c^2 + d^2 = m$ の解を数える．

$m = 7$ のとき；$(2, 1, 1, 1)$ のみ 1 組．

$m = 14$ のとき；$(3, 2, 1, 0)$ のみ 1 組．

$m = 28$ のとき；3 組．

$m = 56$ のとき；(4)により 1 組．

$m = 112$ のとき；$(a')^2 + (b')^2 + (c')^2 + (d')^2 = 28$ より 3 組．

$m = 224$ のとき；$(a')^2 + (b')^2 + (c')^2 + (d')^2 = 56$ より 1 組．

$m = 448$ のとき；$(a')^2 + (b')^2 + (c')^2 + (d')^2 = 112$ より 3 組．

$m = 896$ のとき；$(a')^2 + (b')^2 + (c')^2 + (d')^2 = 224$，

$\qquad\qquad\qquad (a'')^2 + (b'')^2 + (c'')^2 + (d'')^2 = 56$ より 1 組．

$\boxed{\text{黒岩虎雄}}$

本問は，「すべての自然数は，高々 4 個の平方数の和で表示できる」と主張する「ラグランジュの四平方定理」を背景としている．もちろん，高校生がそうした定理を知っていることを期待しているのではない．(1) から (5) までの小問の連鎖により，前の小問で得られた結果を活用しながら，前に進むことができるような仕掛けになっている．旧センター試験の指導では，しばしば「出題の流れに乗る」といった表現での指導がなされてきた．問題を解いて得られたことが，いかなる意味をもつのかを意識して解き進めれば，後の問いで活用できる瞬間に「気づき」が訪れるであろう．

第1回試行調査(2017)の出題から

n を3以上の整数とする．紙に正方形のマスが縦横とも $(n-1)$ 個ずつ並んだマス目を書く．その $(n-1)^2$ 個のマスに，以下の ルール に従って数字を一つずつ書き込んだものを「方盤」と呼ぶことにする．なお，横の並びを「行」，縦の並びを「列」という．

ルール：上から k 行目，左から ℓ 列目のマスに，k と ℓ の積を n で割った余りを記入する．

$n=3, k=4$ のとき，方盤はそれぞれ下の図1，図2のようになる．

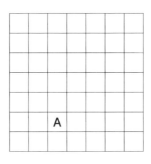

1	2
2	1

図1

1	2	3
2	0	2
3	2	1

図2

例えば，図2において，上から2行目，左から3行目には，$2\times3=6$ を4で割った余りである2が書かれている．このとき，次の問いに答えよ．

(1) $n=8$ のとき，下の図3の方盤のAに当てはまる数を答えよ．　**ア**

		A				

図3

また，図 3 の方盤の上から 5 行目に並ぶ数のうち，1 が書かれているの
は左から何列目であるかを答えよ．左から | **イ** | 列目.

(2) $n = 7$ のとき，下の図 4 のように，方盤のいずれのマスにも 0 が現れな
い.

1	2	3	4	5	6
2	4	6	1	3	5
3	6	2	5	1	4
4	1	5	2	6	3
5	3	1	6	4	2
6	5	4	3	2	1

図 4

このように，方盤のいずれのマスにも 0 が現れないための，n に関す
る必要十分条件を，次の ⓪〜⑤ のうちから一つ選べ．| **ウ** |

⓪ n が奇数であること.

① n が 4 で割って 3 余る整数であること.

② n が 2 の倍数でも 5 の倍数でもない整数であること.

③ n が素数であること.

④ n が素数ではないこと.

⑤ $n-1$ と n が互いに素であること.

(3) n の値がもっと大きい場合を考えよう．方盤においてどの数字がどの
マスにあるかは，整数の性質を用いると簡単に求めることができる.

$n = 56$ のとき，方盤の上から 27 行目に並ぶ数のうち，1 は左から何列目
にあるかを考えよう.

（ⅰ）方盤の上から 27 行目，左から ℓ 列目の数が 1 であるとする（ただし $1 \leq \ell \leq 55$）．ℓ を求めるためにはどのようにすれば良いか．正しいものを，次の ⓪ 〜③のうちから一つ選べ． エ

⓪　1 次不定方程式 $27\ell - 56m = 1$ の整数解のうち，$1 \leq \ell \leq 55$ を満たすものを求める．

①　1 次不定方程式 $27\ell - 56m = -1$ の整数解のうち，$1 \leq \ell \leq 55$ を満たすものを求める．

②　1 次不定方程式 $56\ell - 27m = 1$ の整数解のうち，$1 \leq \ell \leq 55$ を満たすものを求める．

③　1 次不定方程式 $56\ell - 27m = -1$ の整数解のうち，$1 \leq \ell \leq 55$ を満たすものを求める．

（ⅱ）（ⅰ）で選んだ方法により，方盤の上から 27 行目に並ぶ数のうち，1 は左から何列目にあるかを求めよ．左から オカ 列目

(4) $n = 56$ のとき，方盤の各行にそれぞれ何個の 0 があるか考えよう．

（ⅰ）方盤の上から 24 行目には 0 が何個あるか考える．

　　左から ℓ 列目が 0 であるための必要十分条件は，24ℓ が 56 の倍数であること，すなわち ℓ が キ の倍数であることである．したがって，上から 24 行目には 0 が ク 個ある．

（ⅱ）上から 1 行目から 55 行目までのうち，0 の個数が最も多いのは上から何行目であるか答えよ．上から ケコ 行目

(5) $n = 56$ のときの方盤について，正しいものを次の ⓪〜③のうちからすべて選べ． サ

⓪　上から 5 行目には 0 がある．

①　上から 6 行目には 0 がある．

②　上から 9 行目には 1 がある．

③　上から 10 行目には 1 がある．

④　上から 15 行目には 7 がある．

⑤　上から 21 行目には 7 がある．

（2017 プレテスト・数学 I A）

解答と解説

(1) ア $= 2$, イ $= 5$

(2) ウ $= ③$

$1 \leq i < n, 1 \leq j < n$ の範囲のすべての i , j について，積 ij が n で割り切れないための必要十分条件は，n が素数であること，である．

(3) エ $= ⓪$, オカ $= 27$

27ℓ を 56 で割ったあまりが 1 になるような ℓ を探すので，

$$27\ell = 56m + 1$$

を解くと，$\ell = 27$, $m = 13$

(4) キ $= 7$, ク $= 7$, ケコ $= 28$

k 行 ℓ 列の数字が 0 であるのは，$k\ell$ が 56 の倍数であること．

$k = 28$ とすれば ℓ が 2 の倍数となることが条件で，$1 \leq l \leq 55$ の範囲に 27 個ある．

(5) サ $= ①$, ②, ④, ⑤

選択肢ごとに検討すると；

111

⓪　5ℓ（$1\le\ell\le55$）が 56 の倍数となることはない.

①　6ℓ（$1\le\ell\le55$）が 56 の倍数となる例として $\ell=28$ がある.

②　$9\ell=56m+1$ となる例として $\ell=25$, $m=4$ がある.

③　$10\ell=56m+1$ となることはない.

④　$15\ell=56m+1$ となる例として $\ell=49$, $m=13$ がある.

⑤　$21\ell=56m+1$ となる例として $\ell=3$, $m=1$ がある.

黒岩虎雄

　プレテストの整数の問題は，机上の理論一辺倒ではなく，作業と実験をしながら，背後に隠れた《数学的本質を洞察》していくという意味で，良問であると思う.

　設定としては，$(n-1)^2$ 個のマス目があって，k 行 ℓ 列のマス目に $k\ell$ を n で割った余りを書き込むというもので，(1) では $n=8$ の例（正答率 77.5% と 73.1%），(2) では $n=7$ の例（正答率 46.5%）を考えさせる. (3) 以下では $n=56$ となって急速に一般化が進み，ここから正答率が徐々に下がっていくあたりを見ると，《識別力》のある問題と言えそうである.

　(3) では 1 次不定方程式を立てさせるもので，検定教科書でも「ユークリッドの互除法」の項目で取り扱っている題材である. 出題側は「数学的な問題を解決するための見通しを立てることができる（構想力）」ことを見ようとしているが，オカ の正答率は 7.3% と急落している. 成績上位層に対する識別力を備えている. 最後の設問 サ は 6 つの選択肢から正しいものを「すべて」選ばせるもの（正解は 4 個）で，正答率は 0.9% であったという. ひとつのカラム（空欄）に複数をマークさせる方式については，受験生が消しゴムを使うので，マークする意思があるのかどうかを判別する技術的難点があるとして，見送られることになった.

学習指導要領の変遷
⑤平成21年告示

　教育基本法の改正（平成18年）を踏まえての平成21年改訂では，「生きる力」という理念は継承しつつ，「確かな学力」を確立するために授業時数を増加させた．

平成21年（2009年）3月告示・第七次改訂
（'12高校入学 '15大学入試）から（'21高校入学 '24大学入試）まで
【数学Ⅰ】(1)数と式，(2)図形と計量，(3)二次関数，(4)データの分析
【数学Ⅱ】(1)いろいろな式，(2)図形と方程式，(3)指数関数・対数関数，
　(4)三角関数，(5)微分・積分の考え
【数学Ⅲ】(1)平面上の曲線と複素数平面，(2)極限，(3)微分法，(4)積分法
【数学A】(1)場合の数と確率，(2)整数の性質，(3)図形の性質
【数学B】(1)確率分布と統計的な推測，(2)数列，(3)ベクトル
【数学活用】(1)数学と人間の活動，(2)社会生活における数理的な考察
※国立教育政策研究所　教育研究情報データベース（学習指導要領の一覧）
　https://erid.nier.go.jp/files/COFS/h20h/chap2-4.htm
※文部科学省ウェブサイト
　https://www.mext.go.jp/a_menu/shotou/new-cs/youryou/index.htm

　学習指導要領「生きる力」と命名されている．いわゆる「ゆとり教育」への反動として，この改訂で学習内容が増加（検定教科書が厚くなる）した．小学校高学年に英語（外国語活動）が導入されている．
　数学に関しては，統計教育の充実を掲げ，「データの分析」が数学Ⅰに導入され，大学入試センター試験においても必答問題として出題されるようになった．また「確率分布と統計的な推測」が数学Cから数学Bに移行したが，選択履修をする者は稀少であるのが現実であった．また，昭和45年告示「教育の近代化」以来，高校数学で取り扱われてきた「行列」が消失することになった（それ以前の昭和35年（第二次）改訂では数学ⅡBで「ベクトル」を取り上げているものの「基本的で平易なものにとどめる」とされていた）．

共通テスト数学における質的変化の研究

数学I・A　第7章
図形の性質

　第7章では，数学Aから「図形の性質」を取り上げます．新しい学習指導要領では，この単元で身につけるべき思考力，判断力，表現力として「 (ア) 図形の構成要素間の関係や既に学習した図形の性質に着目し，図形の新たな性質を見いだし，その性質について論理的に考察したり説明したりすること」および「 (イ) コンピュータなどの情報機器を用いて図形を表すなどして，図形の性質や作図について統合的・発展的に考察すること」を挙げています．初年度第2日程は (ア) を実現した問題，試行調査やモニター調査では (イ) を実現した問題が出題されていることがわかります．

シヴァ神の眼光

　第1回試行調査では，直線と平面の関係が問われ《空間幾何》の分野からの出題で，第2回試行調査ではフェルマー点の問題で，トレミーの不等式も背景にあるものだった．解決過程を振り返ったり，教科書で扱われない定理を既知の知識から誘導する問題を提示していた．

　旧大学入試センター試験の《図形の性質》の分野では，チェバ・メネラウスの定理，円周角の定理，方べきの定理を利用する《平面幾何》からの出題であったので，がらりと内容が変わっていたが，大学入学共通テストは第1日程も第2日程も《平面幾何》からの出題で，センター試験に近くなっていた．

　しかし，両日程とも円が絡んでいて，問題解決に要する図を書くのが難しく，それだけでも時間を費やしたであろう．角の二等分線の性質や共通接線の性質も随所に問われる．背後に数学的図形が見えるか？　直角が見

えるか，円周角に見えるか？　と詰め寄られる．三平方の定理，円周角の定理，方べきの定理に関しては，逆の定理を強く意識させられた．四点共円問題は 2019 年の追試，2020 年の本試でも出題されている．四点共円定理（内接四角形逆の定理・円周角定理の逆）や方べきの定理の逆だけでなく，トレミーの定理の逆や反転での証明もまとめておきたい．

　センター試験でも既に，2017 年本試，2019 年本試・追試，2020 年追試において《図形の計量》の正弦定理・余弦定理との融合問題が出題されており，ユークリッド幾何学を総合的に捉えておきたいものだ．逆定理の観点では，チェバは共点条件，メネラウスは共線条件に関連する．それに併せて，第 1 日程の共円定理から，複素数平面での反転や複比，第 2 日程の作図（ＩＣＴを意識した作問）からは，デザルグの定理やパスカルの定理へと繋がる問題も透けてくる．《射影幾何》が《解析幾何》から《代数幾何》への架橋となったことも含めて《初等幾何》への俯瞰となる．例えば，円を研究すれば円錐曲線の性質が俯瞰できる（蛇足だが，有史以来，円は文字より前にトークンとして生まれており，円錐は少ない穀物，球は大きな穀物，円柱は家畜を意味していたらしい）．

　幾何学の共点性は垂線・中線・角の二等分線の 3 つの集合に対して交点が一つ決まるという流れで登場した．三角形の五心に絡むオイラー線や九点円の定理（フォイエルバッハ円は垂心を中心とする，外接円の半径の 1/2 の円）などに対峙しながら数学問答を繰り返しておかないと，《根拠を持った直観力》を養うことが出来ずに，太郎君・花子さん型の対話式誘導についていけないかもしれない．

　　　　「幾何学に王道なし」

＊古典書では，ユークリッドの「原論」，アルキメデス，アポロニウスの「円錐曲線論」，メネラウスの「球面学」，プトレマイオスの「アルマゲスト」，パップスの「数学集成」などに幾何学は見出される．

△ABC において，AB = 3，BC = 4，AC = 5 とする．

∠BAC の二等分線と辺 BC との交点を D とすると

$$BD = \frac{\boxed{ア}}{\boxed{イ}}，\quad AD = \frac{\boxed{ウ}\sqrt{\boxed{エ}}}{\boxed{オ}}$$

である．

また，∠BAC の二等分線と △ABC の外接円 O との交点で点 A とは異なる点を E とする．△AEC に着目すると

$$AE = \boxed{カ}\sqrt{\boxed{キ}}$$

である．

△ABC の 2 辺 AB と AC の両辺に接し，外接円 O に内接する円の中心を P とする．円 P の半径を r とする．さらに，円 P と外接円 O との接点を F とし，直線 PF と外接円 O との交点で点 F とは異なる点を G とする．このとき

$$AP = \sqrt{\boxed{ク}}\, r，\quad PG = \boxed{ケ} - r$$

と表せる．したがって，方べきの定理により $r = \dfrac{\boxed{コ}}{\boxed{サ}}$ である．

△ABC の内心を Q とする．内接円 Q の半径は $\boxed{シ}$ で，

$AQ = \sqrt{\boxed{ス}}$ である．また，円 P と辺 AB との接点を H とすると，

$AH = \dfrac{\boxed{セ}}{\boxed{ソ}}$ である．

以上から，点 H に関する次の (a)，(b) の正誤の組合せとして正しいものは $\boxed{タ}$ である．

(a)　点 H は 3 点 B，D，Q を通る円の周上にある．

(b)　点 H は 3 点 B，E，Q を通る円の周上にある．

$\boxed{\text{タ}}$ の解答群

	$\textcircled{0}$	$\textcircled{1}$	$\textcircled{2}$	$\textcircled{3}$
(a)	正	正	誤	誤
(b)	正	誤	正	誤

（2021 共通テスト第 1 日程・数学 I A）

解答と解説

$$\frac{\boxed{\text{ア}}}{\boxed{\text{イ}}} = \frac{3}{2}, \quad \frac{\boxed{\text{ウ}}\sqrt{\boxed{\text{エ}}}}{\boxed{\text{オ}}} = \frac{3\sqrt{5}}{2}$$

（BD はパップスの中線定理，

　AD は三平方の定理から計算できる）

$\boxed{\text{カ}}\sqrt{\boxed{\text{キ}}} = 2\sqrt{5}$

（ AC が外接円の直径なので，

　∠AEC が直角である）

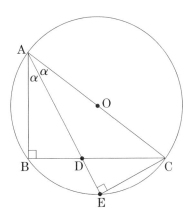

$$\sqrt{\boxed{\text{ク}}} = \sqrt{5}, \quad \boxed{\text{ケ}} = 5, \quad \frac{\boxed{\text{コ}}}{\boxed{\text{サ}}} = \frac{5}{4}$$

（ ∠BAD$= \alpha$ とすると $\sin\alpha = \dfrac{1}{\sqrt{5}}$ である）

$$\boxed{\text{シ}} = 1, \quad \sqrt{\boxed{\text{ス}}} = \sqrt{5}, \quad \frac{\boxed{\text{セ}}}{\boxed{\text{ソ}}} = \frac{5}{2}$$

（ Q から AB への垂線の足を K として，

　直角三角形 QKH に注目）

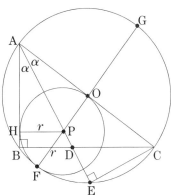

タ = ①

（∠BDQ = ∠QHA であるから B, D, Q, H は共円である.

　∠EQH は直角で ∠EBH は鈍角だから B, E, Q, H は共円ではない.）

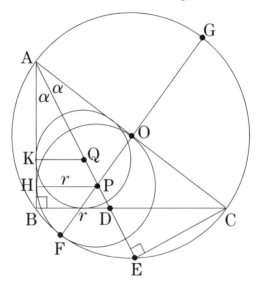

黒岩虎雄

　共通テスト初回の第1日程ということで，従来型センター試験の延長線上にあるような出題であった. 問いの序盤〜前半は，教科書で学んだ公式を適用するだけで解決する問題であるが，後半に入るとそれなりのレベルになる. 問いに図がついていないので，言葉だけから図を描き起こすことを自力でこなさなければならない. 最後の図をみれば，最終的にはフリーハンドでもしっかり描画できないと，適切な判断ができないだろう.

　まさに，学習指導要領のいう「図形の構成要素間の関係や既に学習した図形の性質に着目し，図形の新たな性質を見いだし，その性質について論理的に考察したり説明したりすること」を要求している問題であることが見て取れる.

点 Z を端点とする半直線 ZX と半直線 ZY があり，$0° < \angle XZY < 90°$ とする．また，$0° < \angle SZX < \angle XZY$ かつ $0° < \angle SZY < \angle XZY$ を満たす点 S をとる．点 S を通り，半直線 ZX と半直線 ZY の両方に接する円を作図したい．

円 O を，次の（Step 1 ）〜（Step 5 ）の手順で作図する．

手順
（Step 1 ）∠XZY の二等分線 l 上に点 C をとり，下図のように半直線 ZX と半直線 ZY の両方に接する円 C を作図する．また，円 C と半直線 ZX との接点を D，半直線 ZY との接点を E とする．
（Step 2 ）円 C と直線 ZS との交点の一つを G とする．
（Step 3 ）半直線 ZX 上に点 H を DG ∥ HS を満たすようにとる．
（Step 4 ）点 H を通り，半直線 ZX に垂直な直線を引き，l との交点を O とする．
（Step 5 ）点 O を中心とする半径 OH の円 O をかく．

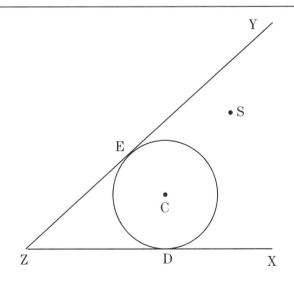

(1)（Step 1 ）～（Step 5 ）の手順で作図した円 O が求める円であること
は，次の構想に基づいて下のように説明できる．

> 構想
> 円 O が点 S を通り，半直線 ZX と半直線 ZY の両方に接する
> 円であることを示すには，OH = $\boxed{\text{ア}}$ が成り立つことを示せ
> ばよい．

　作図の 手順 より，△ZDG と △ZHS との関係，および △ZDC と
△ZHO との関係に着目すると

$$DG : \boxed{\text{イ}} = \boxed{\text{ウ}} : \boxed{\text{エ}}$$

$$DC : \boxed{\text{オ}} = \boxed{\text{ウ}} : \boxed{\text{エ}}$$

であるから，$DG : \boxed{\text{イ}} = DC : \boxed{\text{オ}}$ となる．

　ここで，3 点 S ， O ， H が一直線上にない場合は，∠CDG = ∠$\boxed{\text{カ}}$

であるので， △CDG と △$\boxed{\text{カ}}$ との関係に着目すると， CD = CG より

OH = $\boxed{\text{ア}}$ であることがわかる．

　なお，3 点 S ， O ， H が一直線上にある場合は，DG = $\boxed{\text{キ}}$ DC とな

り，$DG : \boxed{\text{イ}} = DC : \boxed{\text{オ}}$ より OH = $\boxed{\text{ア}}$ であることがわかる．

$\boxed{\text{ア}}$ ～ $\boxed{\text{オ}}$ の解答群（同じものを繰り返し選んでもよい．）

⓪ DH	① HO	② HS	③ OD	④ OG
⑤ OS	⑥ ZD	⑦ ZH	⑧ ZO	⑨ ZS

$\boxed{\text{カ}}$ の解答群

⓪ OHD	① OHG	② OHS	③ ZDS
④ ZHG	⑤ ZHS	⑥ ZOS	⑦ ZCG

(2)　点 S を通り，半直線 ZX と半直線 ZY の両方に接する円は二つ作図できる．特に，点 S が ∠XZY の二等分線 l 上にある場合を考える．半径が大きい方の円の中心を O_1 とし，半径が小さい方の円の中心を O_2 とする．また，円 O_2 と半直線 ZY が接する点を I とする．円 O_1 と半直線 ZY が接する点を J とし，円 O_1 と半直線 ZX が接する点を K とする．

　作図をした結果，円 O_1 の半径は 5 ，円 O_2 の半径は 3 であったとする．このとき，IJ = $\boxed{\text{ク}}\sqrt{\boxed{\text{ケコ}}}$ である．さらに，円 O_1 と円 O_2 の接点 S における共通接線と半直線 ZY との交点を L とし，直線 LK と円 O_1 との交点で点 K とは異なる点を M とすると

$$LM \cdot LK = \boxed{\text{サシ}}$$

である．

　また，ZI = $\boxed{\text{ス}}\sqrt{\boxed{\text{セソ}}}$ であるので，直線 LK と直線 l との交点を N とすると

$$\frac{LN}{NK} = \frac{\boxed{\text{タ}}}{\boxed{\text{チ}}}, \quad SN = \frac{\boxed{\text{ツ}}}{\boxed{\text{テ}}}$$

である．

（2021 共通テスト第 2 日程・数学 I A）

解答と解説

(1)　$\boxed{\text{ア}}$ = ⑤，$\boxed{\text{イ}}$ = ②，$\boxed{\text{ウ}}$ = ⑥，

　　$\boxed{\text{エ}}$ = ⑦，$\boxed{\text{オ}}$ = ①，

　　$\boxed{\text{カ}}$ = ②，$\boxed{\text{キ}}$ = 2

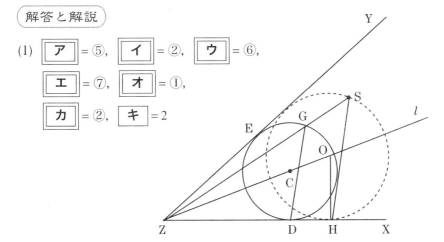

第7章　図形の性質

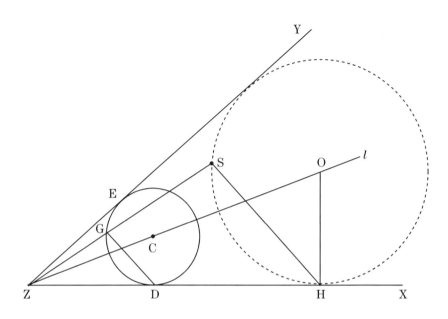

作図の 手順 より，△ZDG と △ZHS との関係，および △ZDC と △ZHO との関係に着目すると

DG : HS = ZD : ZH

DC : HO = ZD : ZH

であるから，DG : HS = DC : HO となる．

ここで，3 点 S ，O ，H が一直線上にない場合は，∠CDG = ∠OHS であるので， △CDG と △OHS との関係に着目すると，CD = CG より OH = OS であることがわかる．

なお，3 点 S ，O ，H が一直線上にある場合は，DG = 2 DC となり，DG : HS = DC : HO より OH = OS であることがわかる．

(2) $\boxed{ク}\sqrt{\boxed{ケコ}} = 2\sqrt{15}$，$\boxed{サシ} = 15$，$\boxed{ス}\sqrt{\boxed{セソ}} = 3\sqrt{15}$，

$\dfrac{\boxed{タ}}{\boxed{チ}} = \dfrac{4}{5}$，$\dfrac{\boxed{ツ}}{\boxed{テ}} = \dfrac{5}{3}$

台形 O_1O_2IJ に注目して $IJ = \sqrt{(5+3)^2 - (5-3)^2} = 2\sqrt{15}$

122

LI = LS = LJ より L は IJ の中点である.

円 O_1 において方べきの定理から，$LM \cdot LK = LJ^2 = \left(\sqrt{15}\right)^2 = 15$

ZI : IJ = 3 : 2 から ZI = $3\sqrt{15}$

△ ZLK において ZN は ∠LZK を 2 等分するから，

$$\frac{LN}{NK} = \frac{ZL}{ZK} = \frac{4\sqrt{15}}{5\sqrt{15}} = \frac{4}{5}$$

点 K から直線 l におろした垂線の足を T とする.

△ LNS と△ KNT は相似であるから，$\dfrac{SN}{NT} = \dfrac{LN}{NK} = \dfrac{4}{5}$

∠XZY = 2θ とおくと $\cos\theta = \dfrac{\sqrt{15}}{4}$ で，

ZS = $ZL\cos\theta = 15$，ZT = $ZK\cos\theta = \dfrac{75}{4}$，ST = $\dfrac{15}{4}$

SN = $ST \times \dfrac{4}{9} = \dfrac{5}{3}$

黒岩虎雄

　第 2 日程の方は，ガイドとなる図が 1 点だけ与えられているものの，言葉を読解しながら，それなりの複雑さをもつ作図をしなければいけないことには変わりがない. 制限時間の中で問 (2) まで完答するには，従来型のセンター試験でも満点近くを確保できるような力量が必要だろう.

　太郎さんと花子さんは，コンピュータを使って図形の性質を調べるために，下の図のような1点 P で交わる3つの円 O_1, O_2, O_3 をかいた．

　また，O_1 と O_2 の交点のうち P と異なる点を Q，O_2 と O_3 の交点のうち P と異なる点を R，O_3 と O_1 の交点のうち P と異なる点を S とした．

　さらに，点 A を，下の図のように円 O_1 の周上にとり，直線 AQ と円 O_2 との交点のうち Q と異なる点を B，直線 BR と円 O_3 との交点のうち R と異なる点を C とした．

　太郎さんと花子さんがこのコンピュータの画面上の点を見ながら会話をしている．

　次の二人の会話を読んで，以下の各問いに答えよ．

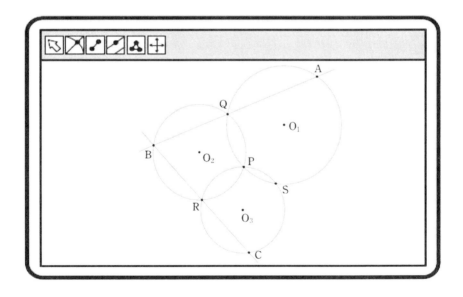

第7章　図形の性質

太郎：点 C と S を通る直線は，点 A を通るみたいだよ．

花子：つまり，直線 CS と円 O_1 の交点のうち S と異なる点を D とおく

　　　と，点 D が点 $\boxed{ア}$ と一致するということだね．

太郎：(1) $\underline{\angle SAQ \ と \ \angle SDQ \ が等しいことを証明すればよさそうだ．}$

花子：でも，$\boxed{イ}$ から，点 D と点 $\boxed{ア}$ が一致しなくても，

　　　$\angle SAQ = \angle SDQ$ となることがあるわ．

太郎：じゃあ，どうすればいいんだろう．

花子：(2) $\underline{\angle ASC \ が \ 180° \ であることを証明すればよさそうだわ．}$

(1) $\boxed{ア}$ に適する点を次の ⓪〜⑨のうちから一つ選べ．

　　　⓪ O_1　　① O_2　　② O_3　　③ A　　④ B　　⑤ C

　　　⑥ P　　⑦ Q　　⑧ R　　⑨ S

(2) $\boxed{イ}$ に当てはまる図形の性質として，最も適当なものを，次の ⓪〜
　　④のうちから一つ選べ．

　　　⓪ 三角形の三つの内角の二等分線は 1 点で交わる．
　　　① 三角形の三つの辺の垂直二等分線は 1 点で交わる．
　　　② 二組の角がそれぞれ等しい二つの三角形は相似である．
　　　③ 一つの弦の垂直二等分線は円の中心を通る．
　　　④ 一つの弧に対する円周角の大きさは一定である．

(3) 下線部(2) のように $\angle ASC$ が 180° であることが証明できれば，点 C と
　　S を通る直線が点 A を通ることを証明することができる．次の【証明】
　　の $\boxed{ウ}$ 〜 $\boxed{キ}$ に当てはまるものを，以下の各解答群から一つずつ選
　　べ．

125

【証明】

四角形 AQPS は円 O_1 に内接するから，∠ASP = ∠ ウ

エ から，∠ オ ＝∠ カ

キ から，∠ ウ ＋∠ カ ＝180°

よって，∠ASC は 180° なので，3 点 C , S , A は一直線上にある．
したがって，点 C と S を通る直線は点 A を通る．

ウ ， オ ， カ の解答群

⓪ BPR　① BRP　② BQP　③ BPQ

④ CPS　⑤ CSP

エ ， キ の解答群

⓪ 三角形 BPR は円 O_2 に内接する

① 三角形 RCS は円 O_3 に内接する

② 四角形 BRPQ は円 O_2 に内接する

③ 四角形 CSPR は円 O_3 に内接する

(4) 太郎さんたちは，点 A の位置をいろいろと変えて，点 C と S を通る
直線が点 A を通るかどうかを調べたところ，下の図のように，点 A が
円 O_2 の内部にある場合でも成り立つことがわかった．この場合の証明
は，(3)の【証明】と比較してどのようにすればよいか．以下の ⓪〜③の
うちから一つ選べ． ク

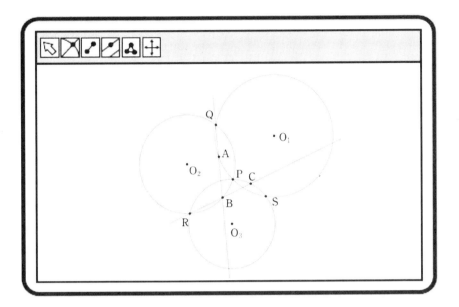

【証明】

(a) 四角形 AQPS は円 O_1 に内接するから，∠ASP = (b) ∠ ウ

(c) エ から，(d) ∠ オ = ∠ カ

(e) キ から，(f) ∠ ウ + ∠ カ = 180°

よって，(g) ∠ASC は 180° なので，3点 C, S, A は一直線上にある．

したがって，点 C と S を通る直線は点 A を通る．

⓪　このままでよい．

①　(a), (c), (e) のみ修正する必要がある．

②　(a), (b), (d), (f), (g) のみ修正する必要がある．

③　(a), (c), (e), (f), (g) のみ修正する必要がある．

（2017年 モニター調査）

解答と解説

(1)　$\boxed{\text{ア}}$ = ③

(2)　$\boxed{\text{イ}}$ = ④

(3)　$\boxed{\text{ウ}}$ = ②,　$\boxed{\text{エ}}$ = ③,　$\boxed{\text{オ}}$ = ⑤,　$\boxed{\text{カ}}$ = ①,　$\boxed{\text{キ}}$ = ②

　　∠ASC が 180° であることの証明：

　　　　四角形 AQPS は円 O_1 に内接するから，∠ASP = ∠BQP

　　　　四角形 CSPR は円 O_3 に内接するから，∠CSP = ∠BRP

　　　　四角形 BRPQ は円 O_2 に内接するから，∠BQP + ∠BRP = 180°

　　　　よって，∠ASC は 180° なので，3点 C, S, A は一直線上にある．

　　　　したがって，点 C と S を通る直線は点 A を通る．

(4)　$\boxed{\text{ク}}$ = ③

　　点 A が円 O_2 の内部にある場合の証明：

　　（修正後のものを記載，修正部分の下線を残す）

　　　　(a) 一つの弧に対する円周角の大きさは一定であるから，

$$\angle ASP = \angle BQP$$

　　　　四角形 CSPR は円 O_3 に内接するから，(d) ∠CSP = ∠BRP

　　　　四角形 BRPQ は円 O_2 に内接するから，(f) ∠BQP = ∠BRP

　　　　よって，(g) ∠ASP = ∠CSP なので，3点 C, S, A は一直線上にある．

　　　　したがって，点 C と S を通る直線は点 A を通る．

黒岩虎雄

　　最後の問 (4) で「解決過程を振り返り，条件を一部変更した場合においても，同様のことが成り立つかを考察することにより問題を発展的に考察

する力を問う」ということが行われている．従来型センター試験にはな
かった，新テストに固有の工夫である．これは，数学的思考力を問う問題
として，機能していると思う．

　当局の【出題のねらい】にある「線分の長さや角の大きさ，面積等を求
めるだけではなく，図形の性質を基に問題の本質を見いだす力を問うよう
に工夫」とは，まさに《定量的》な出題だけでなく《定性的》な出題を行
うという意思の現れである．単に，問題を解くハウツーを身につけていれ
ば倒せるような問題にはしない，ということであると受け止めて，準備を
する（教員であれば，そのような趣旨に沿った授業を提供する）ことが必
要であろう．

〜〜〜〜〜〜〜〜〜（第 1 回試行調査（2017）の出題から）〜〜〜〜〜〜〜〜〜

　花子さんと太郎さんは，正四面体 ABCD の各辺の中点を次の図のように
E,F,G,H,I,J としたときに成り立つ性質について，コンピュータソフト
を使いながら，下のように話している．二人の会話を読んで，下の問いに
答えよ．

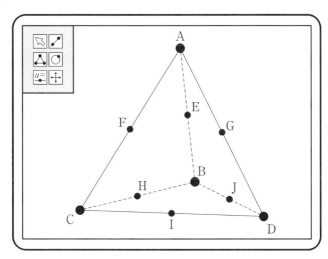

> 花子：四角形 FHJG は平行四辺形に見えるけれど，正方形ではな
> 　　　いかな．
> 太郎：4 辺の長さが等しいことは，簡単に証明できそうだよ．

(1) 太郎さんは四角形 FHJG の 4 辺の長さが等しいことを，次のように証明した．

> 太郎さんの証明
> 　　 ア により，四角形 FHJG の各辺の長さはいずれも正四面体
> ABCD の 1 辺の長さの イ 倍であるから，4 辺の長さが等しくな
> る．

（ⅰ） ア に当てはまる最も適当なものを，次の ⓪〜④ のうちから一つ
選べ．

　　⓪　中線定理　　　①　方べきの定理　　　②　三平方の定理
　　③　中点連結定理　　④　円周角の定理

（ⅱ） イ に当てはまるものを，次の ⓪〜④ のうちから一つ選べ．

　　⓪　2　　　①　$\dfrac{3}{4}$　　　②　$\dfrac{2}{3}$　　　③　$\dfrac{1}{2}$　　　④　$\dfrac{1}{3}$

(2) 花子さんは，太郎さんの考えをもとに，正四面体をいろいろな方向から見て，四角形 FHJG が正方形であることの証明について，下のような構想をもとに，実際に証明した．

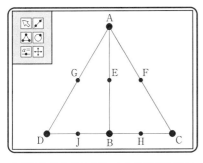

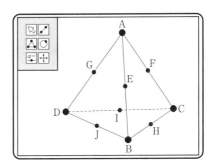

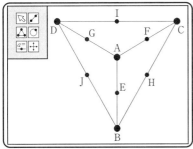

花子さんの構想

　四角形において，4 辺の長さが等しいことは正方形であるための

　ウ　．さらに，対角線 FJ と GH の長さが等しいことがいえれば，四

角形 FHJG が正方形であることの証明となるので，△ FJC と △ GHD

が合同であることを示したい．

　しかし，この二つの三角形が合同であることの証明は難しいので，

別の三角形の組に着目する．

花子さんの証明

　点 F，点 G はそれぞれ AC，AD の中点なので，二つの三角形 $\boxed{\text{エ}}$ と $\boxed{\text{オ}}$ に着目する．$\boxed{\text{エ}}$ と $\boxed{\text{オ}}$ は 3 辺の長さがそれぞれ等しいので合同である．このとき，$\boxed{\text{エ}}$ と $\boxed{\text{オ}}$ は $\boxed{\text{カ}}$ で，F と G はそれぞれ AC，AD の中点なので，FJ = GH である．

　よって，四角形 FHJG は，4 辺の長さが等しく対角線の長さが等しいので正方形である．

(i) $\boxed{\text{ウ}}$ に当てはまるものを，次の ⓪〜③ のうちから一つ選べ．

⓪　必要条件であるが十分条件でない

①　十分条件であるが必要条件でない

②　必要十分条件である

③　必要条件でも十分条件でもない

(ii) $\boxed{\text{エ}}$，$\boxed{\text{オ}}$ に当てはまるものが，次の ⓪〜⑤ の中にある．当てはまるものを一つずつ選べ．ただし，$\boxed{\text{エ}}$，$\boxed{\text{オ}}$ の解答の順序は問わない．

⓪　△ AGH　　　①　△ AIB　　　②　△ AJC

③　△ AHD　　　④　△ AHC　　　⑤　△ AJD

(iii) $\boxed{\text{カ}}$ に当てはまるものを，次の ⓪〜③ のうちから一つ選べ．

⓪　正三角形　　　①　二等辺三角形

②　直角三角形　　　③　直角二等辺三角形

四角形 FHJG が正方形であることを証明した太郎さんと花子さんは，さらに，正四面体 ABCD において成り立つ他の性質を見いだし，下のように話している．

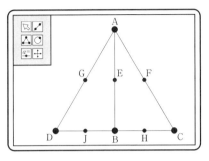 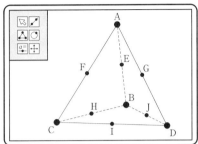

花子：線分 EI と辺 CD は垂直に交わるね．

太郎：そう見えるだけかもしれないよ．証明できる？

花子：(a) 辺 CD は線分 AI とも BI とも垂直だから，(b) 線分 EI と辺 CD は垂直といえるよ．

太郎：そうか……．ということは，(c) この性質は，四面体 ABCD が正四面体でなくても成り立つ場合がありそうだね．

(3)　下線部 (a) から下線部 (b) を導く過程で用いる性質として正しいものを，次の ⓪～④のうちからすべて選べ．　キ

　⓪　平面 α 上にある直線 ℓ と平面 α 上にない直線 m が平行ならば $\alpha \parallel m$

　①　平面 α 上にある直線 ℓ, m が点 P で交わっているとき，点 P を通り平面 α 上にない直線 n が直線 ℓ, m に垂直ならば，$\alpha \perp n$ である．

　②　平面 α と直線 ℓ が点 P で交わっているとき，$\alpha \perp \ell$ ならば，

平面 α 上の点 P を通るすべての直線 m に対して，$\ell \perp m$ である．

③　平面 α 上にある直線 ℓ, m がともに平面 α 上にない直線 n に垂直ならば，$\alpha \perp n$ である．

④　平面 α 上に直線 ℓ，平面 β 上に直線 m があるとき，$\alpha \perp \beta$ ならば，$\ell \perp m$ である．

(4)　下線部 (c) について，太郎さんと花子さんは正四面体でない場合についても考えてみることにした．

四面体 ABCD において，AB, CD の中点をそれぞれ E, I とするとき，下線部 (b) が常に成り立つ条件について，次のように考えた．

太郎さんが考えた条件：AC = AD，BC = BD
花子さんが考えた条件：BC = AD，AC = BD

四面体 ABCD において，下線部 (b) が成り立つ条件について正しく述べているものを，次の ⓪〜③のうちから一つ選べ．　クク

⓪　太郎さんが考えた条件，花子さんが考えた条件のどちらにおいても常に成り立つ．

①　太郎さんが考えた条件では常に成り立つが，花子さんが考えた条件では必ずしも成り立つとは限らない．

②　太郎さんが考えた条件では必ずしも成り立つとは限らないが，花子さんが考えた条件では常に成り立つ．

③　太郎さんが考えた条件，花子さんが考えた条件のどちらにおいても必ずしも成り立つとは限らない．

（2017 プレテスト・数学 I A）

(1) 　**ア**　＝③, 　**イ**　＝③,

(2) 　**ウ**　＝⓪, (　**エ**　, 　**オ**　) ＝ (②, ③) , 　**カ**　＝①,

(3) 　**キ**　＝①, ② (2 つマークして正解)

(4) 　**ク**　＝⓪

　太郎さんが考えた条件：AC＝AD , BC＝BD

　　AC＝AD より△ ACD が二等辺三角形で AI⊥CD となる.

　　BC＝BD より△ BCD が二等辺三角形で BI⊥CD となる.

　　よって, 下線部 (a) の条件がみたされる.

　花子さんが考えた条件：BC＝AD , AC＝BD

　　△ ACD と △ BDC が合同になる.

　　合同な 2 つの三角形を裏返して, 辺 CD で貼りあわせた四面体.

　　AI,BI はいずれも CD と直交しないが, AB の中点 E から CD の

　　中点 I に垂線が降りる.

　黒岩虎雄

　新しい学習指導要領では, この単元で身につけるべき思考力, 判断力, 表現力として「 (イ) コンピュータなどの情報機器を用いて図形を表すなどして, 図形の性質や作図について統合的・発展的に考察すること」を示している. 本問では, GeoGebra の画面を模した設定により, これを実現している.

　正四面体の 4 個の頂点と, 各辺の中点 6 個の合わせて 10 点が表示された状態で, この立体をさまざまなアングルから眺めた図が, 全部で 6 点示されている. 太郎と花子の対話形式で, 4 つの中点を結んでできる四角形が「正方形ではないか」という仮説を立て, これを証明していく. コンピュータの画面から, 正方形であることの証明について「構

想」を立てて「証明」に至るというプロセスを問題を通じてみせている．教員サイドとしては，日ごろの授業の中で探究的な活動を取り入れる必要性を感じておきたいものである．

　後半の キ （正答率 3.1%）と ク （正答率 5.7%）はなかなかの難問である．試行調査の段階では「すべて選べ」という出題形式が試されたが，マークシートの読み取り能力の限界を理由として，この形式は見送られることとなっている．

　問われている資質・能力としては「数学の事象から特徴をとらえ，数学化する」「解決過程を振り返るなどして，得られた結果を基に批判的に検討し，体系的に組み立てていくことができる」「数学の事象から得られた結果を基に拡張・一般かすることができる」といったもので，これは《数学的に脳を使うこと》そのものであるといえる．

　現行の大学入試センター試験の場合，私の生徒たちで数学ⅠAが満点という人は珍しくない．平成 29 年度のデータでは，数学ⅠAは平均 $m = 61.12$，標準偏差 $s = 21.35$ なので，$m + (1.82)s \fallingdotseq 100$ となっている．形式的に正規分布表にあてはめれば，上位 3.5% 程度の生徒たちは満点ということになる（理論上の妥当性はともかく私の実感値と一致している）．

　この問題は，こうした上位層の生徒たちにとっても考え甲斐のある，ホネのある問題であるといってよいだろう．したがって，日ごろは進学校で上位層を指導している先生方であっても，本問を見て，日々の授業にフィードバックさせていく必要性があると考える．

学習指導要領の変遷
⑥平成30年告示

　来る2022年高校入学生から施行される新学習指導要領では「主体的・対話的で深い学び」，「社会に開かれた教育課程」，「カリキュラムマネジメントの確立」といったキーワードを掲げている．

平成30年（2018年）3月告示
（'22高校入学 '25大学入試）から（新・指導要領）
【数学Ⅰ】(1)数と式，(2)図形と計量，(3)二次関数，(4)データの分析
【数学Ⅱ】(1)いろいろな式，(2)図形と方程式，(3)指数関数・対数関数，
　(4)三角関数，(5)微分・積分の考え
【数学Ⅲ】(1)極限，(2)微分法，(3)積分法
【数学A】(1)図形の性質，(2)場合の数と確率，(3)数学と人間の活動
【数学B】(1)数列，(2)統計的な推測，(3)数学と社会生活
【数学C】(1)ベクトル，(2)平面上の曲線と複素数平面，(3)数学的な表現の工夫

「生きる力」をより具体化し，教育課程全体として育成を目指す資質・能力，いわゆる「学力の3要素」を次のように示した．

ア「何を理解しているか，何ができるか」
（生きて働く「知識・技能」の習得），
イ「理解していること・できることをどう使うか」
（未知の状況にも対応できる「思考力・判断力・表現力等」の育成），
ウ「どのように社会・世界と関わり，よりよい人生を送るか」
（学びを人生や社会に生かそうとする「学びに向かう力・人間性等」の涵養）

　数学に関しては，「統計的な推測」を選択させようという国の意向が見え隠れしており，「ベクトル」が数学Bから数学Cに押し出されることなどが物議を醸した．新課程のもとでの大学入学共通テストでは数学の科目として「数学Ⅱ・B・C」を置くこととなり，一応の決着となった．

共通テスト数学における質的変化の研究
数学II・B　第8章
初年度出題の概要

　令和3年度大学入学共通テストが，1月16日から17日にかけて実施された．折しも1月8日から2月7日までの1ヶ月間に発令されている新型コロナウイルス感染症緊急事態宣言と重なっている中での実施となった．

〜〜〜〜〜〜〜〜〜〜〜〜〜〜〜〜 シヴァ神の　眼光 〜〜〜〜〜〜〜〜〜〜〜〜〜〜〜〜

《流れを何度も確認する出題》

　53万5千人弱の子供たちが第1回大学入学共通テストを受験した．少子化であるにも関わらず，そう急激に受験人口が減らないのは，かつての地域の普通科進学校だけでなく，様々な校種の生徒が受験し始めたからで，共通1次試験やセンター試験が始まった頃よりも受験率（1次試験を受ける受験者数／全国の高校3年生の総人数）は上がっている．なんちゃって受験生（学校推薦型選抜・総合型選抜受験や私立大受験が第1志望のためテンションが低かったり，"受験は団体戦"の名の下に受けるだけ受けてみろと保護者や学校に頼まれて受けるだけの受験生）の存在も増加しているから，平均点を意識すると，問題作成者としてはかなり問題表現に気を取られることは推察できる．実際，過去2回の試行調査と比べて，本番の大学入学共通テストでは数学IAも数学IIBも親切な表現になり，誘導しながらなんとか解答してもらおうという工夫も見られ，コンパクトにまとめてある．試行調査よりは簡単になっているが，出題形式に関しては，センター試験型より試行調査型を実現しており，時間の使い方は"計算をして答えを求める"から"資料を読み取ったり，問題の流れを何度も確認する"へシフトしている．IA・IIBセットをひとつの曲だとすると，私はその曲

のタイトルを《繰り返し》と名付けた．その感覚で 10 題を一息で追ってみる．

① 三角形の 3 辺の長さを使って外側に作った正方形の面積の関係は鋭角・直角・鈍角でどう変わるか？外側にできた三角形の関係でもその検証を（繰り返す）

② 就業者数の変異を年度別箱ひげ図を見ながら考察する．それをヒストグラムや散布図に読み替えて（繰り返す）

③ 当たったくじがどの箱から選んだのかの確率を条件付き確率で求める．2 箱での検証を，3 箱，4 箱になるとどうなるか（繰り返す）

④ 円周上を動く動点がある場所に到達する時のサイコロの目の出方の特徴を考察する．時計回りだけでなく逆回りの考察もしてみる．更に回数を少なくする条件を付け加えて（繰り返す）

⑤ 三角形の 2 辺に接して，その 2 辺の作る角の二等分線上に中心を持つ円が絡んでできる特殊点（中心，接点，頂点，分点）が同一円周上にあるか検証．4 点の組み合わせを外接円上の点に変えて（繰り返す）

⑥ 三角関数の加法定理が三角関数の合成にどう繋がっているのか正弦で確認する．それを余弦の加法定理でも確認する．更に指数関数で作られた関数で（繰り返す）

⑦ 2 次関数の 1 次式以下の表記は，$x = 0$ における接線の式そのものであることを確認する．それを 3 次関数の場合にも（繰り返す）

⑧ 読書をしない人の分布を二項分布と正規分布で（繰り返す）母比率を変えて（繰り返す）母平均に対する信頼区間を求める調査を（繰り返す）

⑨ 2 種類の数列で生成される漸化式の係数を変えることにより，等差数列と等比数列になる場合と，等比数列と等比数列になる場合の条件決定を（繰り返す）

⑩ 2 次元平面での正五角形 1 枚でのベクトル利用が，3 次元空間の 2 枚の正五角形を繋ぐベクトル利用に増幅して，正十二面体に現れる図形の形状があらわになるまで内積計算を（繰り返す）

《各問題にコメント》

　最大公約数的に作成しなければいけない共通テストは1問の中に別解をいくつも示すわけにはいかず，出題分野の縛りがあるが，一つの数学的事実や数学的手法を繰り返すことにより，各問の前半は低学力者も手をつけやすくして，後半になるにつれ思考させるように工夫をしている．私は本書の数学ⅠA編の序章（前夜の状況の整理）で，大学入学共通テストへの願望を［アルゴリズムと統計］の観点を踏まえて述べた．いま世界はAⅠウィルスに翻弄されている．《AⅠとウィルス》という意味でも，《AⅠというウィルス》という意味でもある．

　大学入試が《学ぶ世界》へのアドミッション・ポリシーを持ち，ほとんどの子供がそれを通過儀礼として通るならば，《学びワクチン》の意義をますます担う大学入学共通テストは，試験の妥当性はさることながら，実学の面も見せなければいけない．そういう意味で，私の各問題への観点は，［アルゴリズムと統計］というフィルターを通していることを再記しておく．それでは，問題別に2回の試行調査や2020年のセンター試験も頭に置きながら，分析してみる．

【数学Ⅱ】
❏ 第1問［1］
　1998年のセンター試験では教科書に載っている正弦への合成ではなく，余弦に合成する問題が出題され話題となった．今回は共通テストは定理の証明が出ると睨んで臨んだ受験生もあるだろうから驚きは少ないとはいえ，疑心暗鬼で臨んだ受験生は「覚える学習では太刀打ちできない」と感じたであろう．

❏ 第1問［2］
　双曲線関数の底の e を2に変えたものだから，関数方程式や双曲線関数を学習したものには瞬殺であっただろうが，そうでなくても誘導に従えば解答はできる．オイラーの公式のように，出自の異なる指数関数と三角関数に関連を持たせようとする意図が現れていて，知識学習から離れている

この問いかけには共感を覚える．さりげなく相加・相乗も入れながら，指数と対数が逆関数であることも示唆しているのもいい《調べ》である．

❏ 第2問

　2回の試行調査（いずれも数学ⅠAの第1問）の解説で，2次関数の係数 a, b, c の意味の説明のときに，b は $x = 0$ における接線の傾きを現すと補足していたが，本問は微分を履修した数学Ⅱでの出題で接線を定性的にも考えさせている．

　序章での要望として，積分計算は共有点を絡めたものくらいでよいと述べたが，1/3公式で面積を求めさせてから，今度は係数を変数に転換して問うたり，整関数の性質をグラフの読み取りと合わせて考察させている．

【数学B】

❏ 第3問

　第2回試行調査の時に黒岩氏が吠えていたが，《統計的な推測》の分野が第5問でなく，第3問に繰り上がっている．新学習指導要領を見据えてベクトルを追い出し，統計へシフトさせようという意図ではないかと私も思う．問題はセンター試験よりも単純で統計用語の意味を確認する程度となっている．第2回試行調査の第3問の教訓の「95％の信頼度とは，100回中95回は信頼区間が母平均 m を含むという意味である」を押さえておけば自信を持って選択できたであろう．しかし，数学Ⅰの《データの分析》のところでも述べたが，対話型で《表現力》を工夫して数学的トピックを交えてほしい．

❏ 第4問

　元プログラマーとして一番気になる分野である．「なぜセンター試験の問題の漸化式では，等比数列の形にしたり，階差数列で解けることが多いのか？」の答えはトートロジーになってしまうが，高校範囲内では，等差数列と等比数列しか習わないからである．物事が変化していく様は，直線と指数関数以外の動きもあり，複雑である．

本問は 2 種類の数列から生成される漸化式からどんな数列がその性質を満たすのか，関数決定のような感覚の離散型バージョンで興味深い．恒等式を使いながら一つの数列を決定すると元の式に代入して，残りの数列の考察に移るのは，鶴亀算の消去法の感覚であり，変化するデータそのものをメタ的にひとつ上の次元で考えるという思考は《プログラム思考》である．これまた共通テストならではの特徴といえよう．

❑ 第 5 問

最後に押し出されたベクトルである．2020 年センター試験も 2 回の試行調査も空間ベクトルの出題で，それに続いている．証明や方針の穴埋めをさせようとしていて，特に第 2 回試行調査で立体を内積で解き明かすように，正十二面体をモチーフとしながら踏襲している．《ネッカーの立方体》にしろ，《ルビンの壺》にしろ，人間の目は不正確で観る人のイメージ力によって変わる．3 次元の立体を表現しようと紙に書いた時点で 2 次元と区別がつかなくなる．データが多くなり多次元になっても使える武器がベクトルで，相関係数のように［内積］を利用すると様々な分析が可能になる．これから，［内積］がどういろんな分野に侵食していくのか目が離せない．

大学入学共通テストは全 6 教科で 47 ページ増えた．数学ＩAは 16 ページ増えた．センター試験の時も英語や国語では年々読むべき文の文字数を増やして読解力の差異を判定しようとした．受験生に感想を聞くと，「ただ問題を解くのでなく，知識を活用する力がいる」とか「公式や定理をただ覚えるのでなく成り立ちを理解しなければ解けない」とか話しており，《思考力や判断力》を試されることは伝わっただろう．しかし，《表現力》については一考を要する．

私は共通テストの点を取ってもらうためにこの文を書いているのではない．"いざ生命を！"という時に，法律を設定して取り締まるだけの風潮を止めねばならない．耳障りのいい言葉で人間関係を誤魔化してきたつけが回ってきた．遠回りでも，《数学的思考》を軸に判断して《他者への想像

第8章　初年度出題の概要

力》を身につけるしか《ＡＩやウィルス》などの目に見えないものに対峙
することはできない．共通テストには大学に入るための免罪符でなく，人
類を前に進める《学びワクチン》になってほしい．数学指導者や問題作成
者に向けての呼びかけである．

〜〜〜〜〜〜〜〜〜〜〜（令和参年度・第1日程の出題から）〜〜〜〜〜〜〜〜〜〜〜

【数学ⅡＢ第1問［2］より指数関数の問題】

　二つの関数 $f(x)=\dfrac{2^x+2^{-x}}{2}$ ，$g(x)=\dfrac{2^x-2^{-x}}{2}$ について考える．

(1)　$f(0)=\boxed{セ}$ ，$g(0)=\boxed{ソ}$ である．また，$f(x)$ は相加平均と相乗

　　平均の関係から，$x=\boxed{タ}$ で最小値 $\boxed{チ}$ をとる．

　　$g(x)=-2$ となる x の値は $\log_2\left(\sqrt{\boxed{ツ}}-\boxed{テ}\right)$ である．

(2)　次の ① 〜 ④ は，x にどのような値を代入してもつねに成り立つ．

　　$f(-x)=\boxed{ト}$　　　　……①

　　$g(-x)=\boxed{ナ}$　　　　……②

　　$\{f(x)\}^2-\{g(x)\}^2=\boxed{ニ}$　……③

　　$g(2x)=\boxed{ヌ}\,f(x)g(x)$　……④

　　$\boxed{ト}$ ，$\boxed{ナ}$ の解答群（同じものを繰り返し選んでもよい．）

　　　⓪ $f(-x)$　　　① $-f(x)$　　　② $g(x)$　　　③ $-g(x)$

(3)　花子さんと太郎さんは，$f(x)$ と $g(x)$ の性質について話している．

> 花子：① 〜 ④ は三角関数の性質に似ているね．
> 太郎：三角関数の加法定理に類似した式 (A) 〜 (D) を考えてみた
> 　　　けど，つねに成り立つ式はあるだろうか．
> 花子：成り立たない式を見つけるために，式(A)〜(D) の β に何
> 　　　か具体的な値を代入して調べてみたらどうかな．

太郎さんが考えた式

$$f(\alpha-\beta)=f(\alpha)g(\beta)+g(\alpha)f(\beta) \quad \cdots\cdots(\text{A})$$

$$f(\alpha+\beta)=f(\alpha)f(\beta)+g(\alpha)g(\beta) \quad \cdots\cdots(\text{B})$$

$$g(\alpha-\beta)=f(\alpha)f(\beta)+g(\alpha)g(\beta) \quad \cdots\cdots(\text{C})$$

$$g(\alpha+\beta)=f(\alpha)g(\beta)-g(\alpha)f(\beta) \quad \cdots\cdots(\text{D})$$

(1), (2) で示されたことのいくつかを利用すると，式 (A) 〜 (D) のうち，$\boxed{\text{ネ}}$ 以外の三つは成り立たないことがわかる．$\boxed{\text{ネ}}$ は左辺と右辺をそれぞれ計算することによって成り立つことが確かめられる．

$\boxed{\text{ネ}}$ の解答群

⓪ (A)   ① (B)   ② (C)   ③ (D)

（2021 共通テスト第 1 日程・数学 II B）

解答と解説

(1) $\boxed{\text{セ}}=1$，$\boxed{\text{ソ}}=0$，$\boxed{\text{タ}}=0$，$\boxed{\text{チ}}=1$，

$\log_2\left(\sqrt{\boxed{\text{ツ}}}-\boxed{\text{テ}}\right)=\log_2\left(\sqrt{5}-2\right)$

(2) $\boxed{\text{ト}}=⓪$，$\boxed{\text{ナ}}=③$，$\boxed{\text{ニ}}=1$，$\boxed{\text{ヌ}}=2$

(3) $\boxed{\text{ネ}}=①$

黒岩虎雄

　上に取り上げた問は，旧センター試験とは質が異なる問題であることがわかる．少なくとも，過去問を羅列したような「マーク式」問題例を繰り

144

返し練習して「問題解法を覚える」ような学習では対応できない問題であるし，大学入試センターもそれを狙っていることは想像に難くない.

　では，指導者サイドは今後，受験生たちをどのように導いていけばよいのだろう．私たちの答えは「数学を伝える授業を日々実践する」ことに尽きると考えている.

　たとえば指数関数の分野は，過去のセンター試験の出題を見る限り，関数・方程式・不等式のいずれかを素材に計算させることばかりを追い求めていたし，センター試験対策問題集の類もすべて，それを模倣して追いかけていた.

　既存の数学知識の深い理解をもとに，新たな数学知識を獲得することは，まさに《数学の営み》である．共通テスト初回の出題を見れば，そのような指導が必要であることは明らかであろう．そのような事例として，現代数学社の新刊『数学を奏でる指導 volume1』（数理哲人著，2020年）より，142頁（第5回・第6問）を引用しておく.

$f(\theta) = \dfrac{e^{\theta} + e^{-\theta}}{2}, g(\theta) = \dfrac{e^{\theta} - e^{-\theta}}{2}$ とする.

(1)　$f(\alpha + \beta)$ を $f(\alpha), f(\beta), g(\alpha), g(\beta)$ を用いて表せ.

(2)　n を正の整数，θ を任意の実数とするとき，

適当な x の n 次の多項式 $P_n(x)$ が存在して，恒等式

$f(n\theta) = P_n(f(\theta))$ が成立することを示せ.

(3)　(2)の多項式 $P_n(x)$ を用いると，$\cos n\theta = P_n(\cos\theta)$ となることを示せ.

　この問題は(1)は共通テストの出題と同じものであり，(2)以下では三角関数の単元で有名なチェビシェフ多項式 $P_n(x)$ が，双曲線関数にも同じ働きをするという事実を取り上げている（159ページ参照）.

　このような総合的・俯瞰的視点は，これまでは大学別2次試験で初めて問われるものであったが，今後は共通テストでも要求されるのだろう.

共通テスト数学における質的変化の研究
数学II・B　第9章
指数・対数・三角関数

　第9章では，数学IIから「指数・対数関数」と「三角関数」を取り上げます．従来の大学入試センター試験では，これらの単元が「第1問」の指定席となっていました．

　大学入試センターは「令和3年度大学入学者選抜に係る大学入学共通テスト問題作成方針」（令和2年1月29日）において「問題の作成に当たっては，日常の事象や，数学のよさを実感できる題材，教科書等では扱われていない数学の定理等を既知の知識等を活用しながら導くことのできるような題材等を含めて検討する．」と述べています．

　教科書範囲外からも出題すると明言したのは初めてのことであり，そのために「太郎・花子」を登場させる必要が生じているのでしょう．そのような出題例も見られたので，取り上げていきます．

━━━━━━━━━━━━━━━　シヴァ神の　眼光　━━━━━━━━━━━━━━━

　数学オリンピックの問題は難しいからと敬遠する人は多いと思う．しかし，世界共通言語という観点からみると，オリンピック問題の主要分野が何故A（代数），C（組合せ論），G（幾何），N（数論）の4分野なのかを分析する必要はあるだろう．地域に関わらず早期に習得すべき数学的基礎の内容がそれらであるならば，現行のカリキュラムでは，数学Aの《場合の数・確率》でC（組合せ論）を，《整数の性質》でN（整数）を，数学IとAの《図形と計量・図形の性質》でG（幾何）をカバーしていくことになっている．

第9章　指数・対数・三角関数

　残りのA（代数）はどこで学ぶかということだが，その芽生えが数学Ⅱである．しかし，数学Ⅱは総じて解析学である数学Ⅲへの下準備でもあり，無限思考への汽水域でもある．代数分野として，試行調査では相加・相乗平均の不等式が出題され，第1回大学入学共通テストの第1日程では，双曲線関数を彷彿させる関数方程式への序章も見られた．

　解析学の有無に関しては，数学史とも連動している．《図形と方程式》の核になる代数幾何学では，（曲線という幾何）と（方程式という代数）を結びつけたが，関数の概念には至らなかった．未知数→変数→変数間の関係→関数概念と流れ，関数利用の必要性が出てきたのは，天体観測や航海が盛んになった17世紀だと言われ，対数表や三角比の表が重宝された（惑星の軌道を記述する時に，時間を変数とする曲線が生まれた）．

　18世紀にベルヌーイは「変数 x といくつかの定数から四則・べき根，冪乗で計算した得られたものを x の関数」と呼んでいる．オイラーの公式で指数関数と三角関数が繋がるが，まさにオイラーの「無限解析序説」で，関数が解析学の主役になった．代数関数として整関数，分数関数，無理関数などがあるが，数学Ⅱで扱う関数は初等超越関数の《指数・対数・三角関数》である．ベキ級数に触れて解析的な扱いはできないので，旧センター試験では，指数・対数・三角関数そのものがゴールで，関数値を求めたり，方程式・不等式を解く問題が主であった．

　計算量を少なくして定量的な問題から，定性的な問題にシフトするならば，《指数・対数・三角関数》を手段として，対話型で誘導しながら，合成変換や逆変換の概念を問う場面もでてくるだろう．関数習得には，《写像と集合》の概念は避けられないのである（逆関数・合成関数は教科書的には数学Ⅲであるが，そもそも指数関数と対数関数は逆関数である）．

　ＡＩ社会の中で，情報量やエントロピーを数値化する機会が多くなった（対数化）．ウィルスのように不特定多数に対する無制限の振る舞いの分析も必須になってきている（指数化）．音・熱・光の現象の《数理化》には，波の知識が必要である（三角関数化）．2次関数とは異なる関数分析を通して，微分・積分へ臨みたい．

147

(1) 次の 問題A について考えよう.

> 問題A　関数 $y = \sin\theta + \sqrt{3}\cos\theta$ $\left(0 \leq \theta \leq \dfrac{\pi}{2}\right)$ の最大値を求めよ.

$$\sin\frac{\pi}{\boxed{\text{ア}}} = \frac{\sqrt{3}}{2}, \quad \cos\frac{\pi}{\boxed{\text{ア}}} = \frac{1}{2}$$

であるから, 三角関数の合成により

$$y = \boxed{\text{イ}}\sin\left(\theta + \frac{\pi}{\boxed{\text{ア}}}\right)$$

と変形できる. よって, y は $\theta = \dfrac{\pi}{\boxed{\text{ウ}}}$ で最大値 $\boxed{\text{エ}}$ をとる.

(2) p を定数とし, 次の 問題B について考えよう.

> 問題B　関数 $y = \sin\theta + p\cos\theta$ $\left(0 \leq \theta \leq \dfrac{\pi}{2}\right)$ の最大値を求めよ.

(ⅰ) $p = 0$ のとき, y は $\theta = \dfrac{\pi}{\boxed{\text{オ}}}$ で最大値 $\boxed{\text{カ}}$ をとる.

(ⅱ) $p > 0$ のときは, 加法定理

$$\cos(\theta - \alpha) = \cos\theta\cos\alpha + \sin\theta\sin\alpha$$

を用いると

$$y = \sin\theta + p\cos\theta = \sqrt{\boxed{\text{キ}}}\cos(\theta - \alpha)$$

と表すことができる. ただし, α は

$$\sin\alpha = \frac{\boxed{\text{ク}}}{\sqrt{\boxed{\text{キ}}}}, \quad \cos\alpha = \frac{\boxed{\text{ケ}}}{\sqrt{\boxed{\text{キ}}}}, \quad 0 < \alpha < \frac{\pi}{2}$$

を満たすものとする.

このとき, y は $\theta = \boxed{コ}$ で最大値 $\sqrt{\boxed{サ}}$ をとる.

(iii) $p < 0$ のとき, y は $\theta = \boxed{シ}$ で最大値 $\boxed{ス}$ をとる.

$\boxed{キ} \sim \boxed{ケ}$, $\boxed{サ}$, $\boxed{ス}$ の解答群 (同じものを繰り返し選んでもよい.)

⓪ -1　　　① 1　　　② $-p$

③ p　　　④ $1-p$　　　⑤ $1+p$

⑥ $-p^2$　　　⑦ p^2　　　⑧ $1-p^2$

⑨ $1+p^2$　　　ⓐ $(1-p)^2$　　　ⓑ $(1+p)^2$

$\boxed{コ}$, $\boxed{シ}$ の解答群 (同じものを繰り返し選んでもよい.)

⓪ 0　　　① α　　　② $\dfrac{\pi}{2}$

(2021 共通テスト第1日程・数学ⅡB)

解答と解説

(1) $\boxed{ア} = 3$, $\boxed{イ} = 2$, $\boxed{ウ} = 6$, $\boxed{エ} = 2$,

(2) $\boxed{オ} = 2$, $\boxed{カ} = 1$, $\sqrt{\boxed{キ}} = ⑨$, $\boxed{ク} = ①$, $\boxed{ケ} = ③$,

$\boxed{コ} = ①$, $\sqrt{\boxed{サ}} = ⑨$, $\boxed{シ} = ②$, $\boxed{ス} = ①$

(1) $y = \sin\theta + \sqrt{3}\cos\theta = 2\left(\dfrac{1}{2}\sin\theta + \dfrac{\sqrt{3}}{2}\cos\theta\right)$

$= 2\left(\sin\theta\cos\dfrac{\pi}{3} + \cos\theta\sin\dfrac{\pi}{3}\right) = 2\sin\left(\theta + \dfrac{\pi}{3}\right)$

149

(2)　$p>0$ のとき；

$$y = \sin\theta + p\cos\theta = \sqrt{1+p^2}\left(\frac{1}{\sqrt{1+p^2}}\sin\theta + \frac{p}{\sqrt{1+p^2}}\cos\theta\right)$$

ここで $\sin\alpha = \dfrac{1}{\sqrt{1+p^2}}, \cos\alpha = \dfrac{p}{\sqrt{1+p^2}}, 0<\alpha<\dfrac{\pi}{2}$ とおけば，

$$y = \sqrt{1+p^2}\,(\sin\alpha\sin\theta + \cos\alpha\cos\theta)$$
$$= \sqrt{1+p^2}\cos(\theta-\alpha)$$
$$\leq \sqrt{1+p^2} \qquad \text{（等号成立は } \theta=\alpha \text{ のとき）}$$

【 黒岩虎雄 】

　三角関数の合成を経由して最大値を求める問題は，従来の大学入試センター試験でも定番の出題であった．三角関数の合成は，「加法定理の応用」という位置づけで学ぶ項目となっている．検定教科書ではサインへの合成（問題Ａ）が取り上げられているが，本問ではコサインへの合成（問題Ｂ）も要求されている．

　古い話だが，1998年のセンター試験で，$g(\theta) = \sqrt{2}\cos\theta - \sqrt{6}\sin\theta$ を

$g(\theta) = \boxed{}\sqrt{\boxed{}}\cos\left(\theta+\boxed{}{}^\circ\right)$ のように合成させる出題があった．このとき

「教科書にはサインへの合成しか書いていないから，これは出題範囲外だ」と騒いでいた指導者がいて，白い目で見られていたことを懐かしく思い出す．

　本問は決して「教科書等では扱われていない数学の定理等を既知の知識等を活用しながら導くことのできるような題材」というような筋合いのものではないが，大学入試センターがこのような出題方針を発表するようになったのだから，隔世の感がある．

~~~~~~~~~~~~ 令和参年度・第2日程の出題から ~~~~~~~~~~~~

　座標平面上の原点を中心とする半径1の円周上に3点 $P(\cos\theta, \sin\theta)$,

$Q(\cos\alpha, \sin\alpha)$, $R(\cos\beta, \sin\beta)$ がある. ただし, $0 \le \theta < \alpha < \beta < 2\pi$ とする.

このとき, s と t を次のように定める.

$$s = \cos\theta + \cos\alpha + \cos\beta \ , \ t = \sin\theta + \sin\alpha + \sin\beta$$

(1)　△PQR が正三角形や二等辺三角形のときの s と t の値について考察し

よう.

> 考察1
> △PQR が正三角形である場合を考える.

この場合, α, β を θ で表すと

$$\alpha = \theta + \frac{\boxed{シ}}{3}\pi \ , \ \beta = \theta + \frac{\boxed{ス}}{3}\pi$$

であり, 加法定理により

$$\cos\alpha = \boxed{セ} \ , \ \sin\alpha = \boxed{ソ}$$

である. 同様に, $\cos\beta$ および $\sin\beta$ を, $\sin\theta$ と $\cos\theta$ を用いて表すことが

できる.

　これらのことから, $s = t = \boxed{タ}$ である.

$\boxed{セ}$, $\boxed{ソ}$ の解答群 (同じものを繰り返し選んでもよい.)

　⓪　$\dfrac{1}{2}\sin\theta + \dfrac{\sqrt{3}}{2}\cos\theta$　　　①　$\dfrac{\sqrt{3}}{2}\sin\theta + \dfrac{1}{2}\cos\theta$

　②　$\dfrac{1}{2}\sin\theta - \dfrac{\sqrt{3}}{2}\cos\theta$　　　③　$\dfrac{\sqrt{3}}{2}\sin\theta - \dfrac{1}{2}\cos\theta$

④　$-\dfrac{1}{2}\sin\theta+\dfrac{\sqrt{3}}{2}\cos\theta$　　　⑤　$-\dfrac{\sqrt{3}}{2}\sin\theta+\dfrac{1}{2}\cos\theta$

⑥　$-\dfrac{1}{2}\sin\theta-\dfrac{\sqrt{3}}{2}\cos\theta$　　　⑦　$-\dfrac{\sqrt{3}}{2}\sin\theta-\dfrac{1}{2}\cos\theta$

考察 2
△PQR が PQ＝PR となる二等辺三角形である場合を考える．

　例えば，点 P が直線 $y=x$ 上にあり，点 Q，R が直線 $y=x$ に関して対称であるときを考える．このとき，$\theta=\dfrac{\pi}{4}$ である．また，α は $\alpha<\dfrac{5}{4}\pi$，β は $\dfrac{5}{4}\pi<\beta$ を満たし，点 Q，R の座標について，$\sin\beta=\cos\alpha$，$\cos\beta=\sin\alpha$ が成り立つ．よって

$$s=t=\dfrac{\sqrt{\boxed{\text{チ}}}}{\boxed{\text{ツ}}}+\sin\alpha+\cos\alpha$$

である．
　ここで，三角関数の合成により

$$\sin\alpha+\cos\alpha=\sqrt{\boxed{\text{テ}}}\sin\left(\alpha+\dfrac{\pi}{\boxed{\text{ト}}}\right)$$

である．したがって

$$\alpha=\dfrac{\boxed{\text{ナニ}}}{12}\pi\ ,\ \ \beta=\dfrac{\boxed{\text{ヌネ}}}{12}\pi$$

のとき，$s=t=0$ である．

(2)　次に，s と t の値を定めたときの θ，α，β の関係について考察しよう.

> 考察 3
> $s = t = 0$ の場合を考える.

この場合，$\sin^2\theta + \cos^2\theta = 1$ により，α と β について考えると

$$\cos\alpha\cos\beta + \sin\alpha\sin\beta = \frac{\boxed{ノハ}}{\boxed{ヒ}}$$

である.

同様に，θ と α について考えると

$$\cos\theta\cos\beta + \sin\theta\sin\beta = \frac{\boxed{ノハ}}{\boxed{ヒ}}$$

であるから，θ，α，β の範囲に注意すると

$$\beta - \alpha = \alpha - \theta = \frac{\boxed{フ}}{\boxed{ヘ}}\pi$$

という関係が得られる.

(3)　これまでの考察を振り返ると，次の ⓪〜 ③のうち，正しいものは $\boxed{ホ}$ であることがわかる.

$\boxed{ホ}$ の解答群

⓪　△PQR が正三角形ならば $s = t = 0$ であり，$s = t = 0$ ならば △PQR は正三角形である.

① △PQR が正三角形ならば $s=t=0$ であるが, $s=t=0$ であっても △PQR が正三角形でない場合がある.

② △PQR が正三角形であっても $s=t=0$ でない場合があるが, $s=t=0$ ならば △PQR は正三角形である.

③ △PQR が正三角形であっても $s=t=0$ でない場合があり, $s=t=0$ であっても △PQR が正三角形でない場合がある.

（2021 共通テスト第2日程・数学ⅡB）

解答と解説

(1) $\boxed{シ}=2$, $\boxed{ス}=4$, $\boxed{セ}=⑦$, $\boxed{ソ}=④$, $\boxed{タ}=0$,

$\dfrac{\sqrt{\boxed{チ}}}{\boxed{ツ}}=\dfrac{\sqrt{2}}{2}$, $\sqrt{\boxed{テ}}\sin\left(\alpha+\dfrac{\pi}{\boxed{ト}}\right)=\sqrt{2}\sin\left(\alpha+\dfrac{\pi}{4}\right)$

$\boxed{ナニ}=11$, $\boxed{ヌネ}=19$

(2) $\dfrac{\boxed{ノハ}}{\boxed{ヒ}}=\dfrac{-1}{2}$, $\dfrac{\boxed{フ}}{\boxed{ヘ}}=\dfrac{2}{3}$

(3) $\boxed{ホ}=⓪$

(1) △PQR が正三角形のとき；$\alpha=\theta+\dfrac{2}{3}\pi$, $\beta=\theta+\dfrac{4}{3}\pi$ であり,

$$\cos\alpha=\cos\left(\theta+\dfrac{2}{3}\pi\right)=-\dfrac{1}{2}\cos\theta-\dfrac{\sqrt{3}}{2}\sin\theta \quad (⑦)$$

$$\sin\alpha=\sin\left(\theta+\dfrac{2}{3}\pi\right)=-\dfrac{1}{2}\sin\theta+\dfrac{\sqrt{3}}{2}\cos\theta \quad (④)$$

$$\cos\beta=\cos\left(\theta+\dfrac{4}{3}\pi\right)=-\dfrac{1}{2}\cos\theta+\dfrac{\sqrt{3}}{2}\sin\theta$$

$$\sin\beta=\sin\left(\theta+\dfrac{4}{3}\pi\right)=-\dfrac{1}{2}\sin\theta-\dfrac{\sqrt{3}}{2}\cos\theta$$

これらのことから，
$$s = \cos\theta + \cos\alpha + \cos\beta = 0 \ , \quad t = \sin\theta + \sin\alpha + \sin\beta = 0$$

$\triangle \mathrm{PQR}$ が $\mathrm{PQ} = \mathrm{PR}$ となる二等辺三角形のとき；
$$\theta = \frac{\pi}{4} \ \text{で} \ \mathrm{P}\left(\frac{\sqrt{2}}{2}, \frac{\sqrt{2}}{2}\right), \quad \alpha < \frac{5}{4}\pi < \beta$$

であり，$\mathrm{Q}(\cos\alpha, \sin\alpha)$，$\mathrm{R}(\cos\beta, \sin\beta) = (\sin\alpha, \cos\alpha)$ となるから，
$$s = t = \frac{\sqrt{2}}{2} + \sin\alpha + \cos\alpha$$

ここで，$\sin\alpha + \cos\alpha = \sqrt{2}\sin\left(\alpha + \frac{\pi}{4}\right)$ なので，$s = t = 0$ となるのは
$$\frac{\sqrt{2}}{2} + \sqrt{2}\sin\left(\alpha + \frac{\pi}{4}\right) = 0 \ , \quad \sin\left(\alpha + \frac{\pi}{4}\right) = -\frac{1}{2}$$

$$\alpha + \frac{\pi}{4} = \frac{7}{6}\pi, \frac{11}{6}\pi \ \text{で，同様に} \ \beta + \frac{\pi}{4} = \frac{7}{6}\pi, \frac{11}{6}\pi$$

$\alpha < \dfrac{5}{4}\pi < \beta$ に注意して，$\alpha = \dfrac{11}{12}\pi$，$\beta = \dfrac{19}{12}\pi$

(2) $s = t = 0$ のとき，$\cos\alpha + \cos\beta = -\cos\theta$，$\sin\alpha + \sin\beta = -\sin\theta$

$\cos^2\theta + \sin^2\theta = 1$ より $(\cos\alpha + \cos\beta)^2 + (\sin\alpha + \sin\beta)^2 = 1$ から，
$$\cos\alpha\cos\beta + \sin\alpha\sin\beta = -\frac{1}{2} \ \text{すなわち} \ \cos(\beta - \alpha) = -\frac{1}{2}$$

同様に $\cos\theta\cos\alpha + \sin\theta\sin\alpha = -\dfrac{1}{2}$ すなわち $\cos(\alpha - \theta) = -\dfrac{1}{2}$

$$\beta - \alpha = \alpha - \theta = \frac{2}{3}\pi$$

このとき，$\triangle \mathrm{PQR}$ が正三角形となる．

(3) よって，$\triangle \mathrm{PQR}$ が正三角形となることと $s = t = 0$ とは必要十分条件の関係にある．　（⓪）

黒岩虎雄

(2)までは従来のセンター試験と同様の《定量的》に計算して答えを出す問題であるが，(3)はそれまでの考察をふりかえって《定性的》に命題の真偽を判断させる問いである．

とくに計算をする必要はなく，問題の全体を見る，視野を大きくとることで，直ちに答えられるように作られた問題である．全体像をとらえた受験生には楽な問いだが，そうでなければ難しい．差がつく問題であった．

令和参年度・第１日程の出題から

二つの関数 $f(x)=\dfrac{2^x+2^{-x}}{2}$，$g(x)=\dfrac{2^x-2^{-x}}{2}$ について考える．

(1) $f(0)=\boxed{\text{セ}}$，$g(0)=\boxed{\text{ソ}}$ である．また，$f(x)$ は相加平均と相乗平均の関係から，$x=\boxed{\text{タ}}$ で最小値 $\boxed{\text{チ}}$ をとる．

$g(x)=-2$ となる x の値は $\log_2\left(\sqrt{\boxed{\text{ツ}}}-\boxed{\text{テ}}\right)$ である．

(2) 次の ① 〜 ④は，x にどのような値を代入してもつねに成り立つ．

$f(-x)=\boxed{\text{ト}}$ ……①

$g(-x)=\boxed{\text{ナ}}$ ……②

$\{f(x)\}^2-\{g(x)\}^2=\boxed{\text{ニ}}$ ……③

$g(2x)=\boxed{\text{ヌ}}\,f(x)g(x)$ ……④

$\boxed{\text{ト}}$，$\boxed{\text{ナ}}$ の解答群（同じものを繰り返し選んでもよい．）

⓪ $f(-x)$　　① $-f(x)$　　② $g(x)$　　③ $-g(x)$

(3)　花子さんと太郎さんは，$f(x)$ と $g(x)$ の性質について話している．

> 花子：① ～ ④は三角関数の性質に似ているね．
> 太郎：三角関数の加法定理に類似した式 (A) ～ (D) を考えてみた
> 　　　けど，つねに成り立つ式はあるだろうか．
> 花子：成り立たない式を見つけるために，式(A) ～ (D) の β に何
> 　　　か具体的な値を代入して調べてみたらどうかな．

> 太郎さんが考えた式
> $$f(\alpha - \beta) = f(\alpha)g(\beta) + g(\alpha)f(\beta) \quad \cdots\cdots(A)$$
> $$f(\alpha + \beta) = f(\alpha)f(\beta) + g(\alpha)g(\beta) \quad \cdots\cdots(B)$$
> $$g(\alpha - \beta) = f(\alpha)f(\beta) + g(\alpha)g(\beta) \quad \cdots\cdots(C)$$
> $$g(\alpha + \beta) = f(\alpha)g(\beta) - g(\alpha)f(\beta) \quad \cdots\cdots(D)$$

(1), (2) で示されたことのいくつかを利用すると，式 (A) ～ (D) のう

ち，$\boxed{\text{ネ}}$ 以外の三つは成り立たないことがわかる．$\boxed{\text{ネ}}$ は左辺と

右辺をそれぞれ計算することによって成り立つことが確かめられる．

$\boxed{\text{ネ}}$ の解答群

　　　⓪ (A)　　　① (B)　　　② (C)　　　③ (D)

（2021 共通テスト第1日程・数学ⅡB）

157

解答と解説

(1) $\boxed{セ}=1$, $\boxed{ソ}=0$, $\boxed{タ}=0$, $\boxed{チ}=1$,

$\log_2\left(\sqrt{\boxed{ツ}}-\boxed{テ}\right)=\log_2\left(\sqrt{5}-2\right)$

$f(0)=1$, $g(0)=0$

$$f(x)=\frac{2^x+2^{-x}}{2}\geq\sqrt{2^x\cdot2^{-x}}=1=f(0)$$

より $f(x)$ は $x=0$ で最小値 1 をとる.

$g(x)=\dfrac{2^x-2^{-x}}{2}=-2$ のとき $\left(2^x\right)^2+4\cdot2^x-1=0$

$$2^x=\sqrt{5}-2\,(>0),\quad x=\log_2\left(\sqrt{5}-2\right)$$

(2) $\boxed{ト}=⓪$, $\boxed{ナ}=③$, $\boxed{ニ}=1$, $\boxed{ヌ}=2$

$f(-x)=f(x)$, $g(-x)=-g(x)$, $\{f(x)\}^2-\{g(x)\}^2=1$,

$$g(2x)=\frac{2^{2x}-2^{-2x}}{2}=2\cdot\frac{2^x+2^{-x}}{2}\cdot\frac{2^x-2^{-x}}{2}=2f(x)g(x)$$

(3) $\boxed{ネ}=①$

$$f(\alpha)f(\beta)=\frac{2^{\alpha}+2^{-\alpha}}{2}\cdot\frac{2^{\beta}+2^{-\beta}}{2}$$

$$=\frac{1}{2}\left(2^{\alpha+\beta}+2^{-\alpha+\beta}+2^{\alpha-\beta}+2^{-\alpha-\beta}\right)$$

$$g(\alpha)g(\beta)=\frac{2^{\alpha}-2^{-\alpha}}{2}\cdot\frac{2^{\beta}-2^{-\beta}}{2}$$

$$=\frac{1}{2}\left(2^{\alpha+\beta}-2^{-\alpha+\beta}-2^{\alpha-\beta}+2^{-\alpha-\beta}\right)$$

$$f(\alpha)f(\beta)+g(\alpha)g(\beta)=\frac{2^{(\alpha+\beta)}+2^{-(\alpha+\beta)}}{2}=f(\alpha+\beta)$$

> 黒岩虎雄

双曲線関数 $\cosh\theta = \dfrac{e^{\theta}+e^{-\theta}}{2}$, $\sinh\theta = \dfrac{e^{\theta}-e^{-\theta}}{2}$ を彷彿とさせる関数だが,

「数学Ⅱ」の出題なので,このような姿の関数での出題となった.三角関数が加法定理をもつのと同様,双曲線関数にも加法定理がある.

$$\sinh(\alpha+\beta) = \sinh\alpha\cosh\beta + \cosh\alpha\sinh\beta$$

$$\cosh(\alpha+\beta) = \cosh\alpha\cosh\beta + \sinh\alpha\sinh\beta$$

「教科書等では扱われていない数学の定理等を既知の知識等を活用しながら導くことのできるような題材」を出題した事例といえるだろう（145ページ参照）.

フィボナッチ数の加法定理なども,太郎と花子が誘導すれば,数列の問題として出題できる可能性はあるだろう.

$$f_1 = 1, f_2 = 1, f_{n+2} = f_{n+1} + f_n \text{ のとき } f_{n+k} = f_{k-1}f_n + f_k f_{n+1}$$

〜〜〜〜〜〜〜〜〜 令和参年度・第2日程の出題から 〜〜〜〜〜〜〜〜〜

(1) $\log_{10}10 = \boxed{\text{ア}}$ である.また,$\log_{10}5$, $\log_{10}15$ をそれぞれ $\log_{10}2$ と $\log_{10}3$ を用いて表すと

$$\log_{10}5 = \boxed{\text{イ}}\log_{10}2 + \boxed{\text{ウ}}$$

$$\log_{10}15 = \boxed{\text{エ}}\log_{10}2 + \log_{10}3 + \boxed{\text{オ}}$$

となる.

(2) 太郎さんと花子さんは,15^{20} について話している.
以下では,$\log_{10}2 = 0.3010$, $\log_{10}3 = 0.4771$ とする.

> 太郎：15^{20} は何桁の数だろう.
> 花子：15 の 20 乗を求めるのは大変だね.$\log_{10}15^{20}$ の整数部分に着目してみようよ.

$\log_{10}15^{20}$ は

$$\boxed{カキ}<\log_{10}15^{20}<\boxed{カキ}+1$$

を満たす．よって，15^{20} は $\boxed{クケ}$ 桁の数である．

太郎：15^{20} の最高位の数字も知りたいね．だけど，$\log_{10}15^{20}$ の整数部分にだけ着目してもわからないな．

花子：$N\cdot10^{\boxed{カキ}}<15^{20}<(N+1)\cdot10^{\boxed{カキ}}$ を満たすような正の整数 N に着目してみたらどうかな．

$\log_{10}15^{20}$ の小数部分は $\log_{10}15^{20}-\boxed{カキ}$ であり

$$\log_{10}\boxed{コ}<\log_{10}15^{20}-\boxed{カキ}<\log_{10}\left(\boxed{コ}+1\right)$$

が成り立つので，15^{20} の最高位の数字は $\boxed{サ}$ である．

（2021 共通テスト第2日程・数学ⅡB）

解答と解説

(1) $\boxed{ア}=1$，$\boxed{イ}=-$，$\boxed{ウ}=1$，$\boxed{エ}=-$，$\boxed{オ}=1$

$\log_{10}10=1$，$\log_{10}5=\log_{10}\dfrac{10}{2}=-\log_{10}2+1$，

$\log_{10}15=\log_{10}\dfrac{30}{2}=-\log_{10}2+\log_{10}3+1$

(2) $\boxed{カキ}=23$，$\boxed{クケ}=24$，$\boxed{コ}=3$，$\boxed{サ}=3$

$\log_{10}15^{20}=20\log_{10}15=20\left(-\log_{10}2+\log_{10}3+1\right)=20\times1.1761=23.522$ より

$23<\log_{10}15^{20}<24$，$10^{23}<15^{20}<10^{24}$

よって，15^{20} は 24 桁の整数．

$\log_{10}15^{20}$ の小数部分は $\log_{10}15^{20}-23=0.522$ であり，

これは $\log_{10}3=0.4771$ と $\log_{10}4=2\log_{10}2=0.6030$ の間の数だから，

$$\log_{10} 3 < \log_{10} 15^{20} - 23 < \log_{10} 4$$

よって，15^{20} の最高位の数字は 3 である．

黒岩虎雄

　常用対数を利用して，桁数と最高位の数字を求める問題は，定番中の定番であった．最高位の数字は検定教科書への掲載がないので，先導役として太郎と花子が起用された．

共通テスト数学における質的変化の研究
数学II・B　第10章
微分と積分

　第10章では，数学IIから「微分法と積分法」を取り上げます．従来の大学入試センター試験では，この単元の出題はもっぱら《定量的》な問題，すなわち数値を求めてマークシートに書き込むような問題が主流でした．ところが，プレテスト（試行調査）以降には，計算量を減らす代わりに，たとえば適切なグラフを選ばせるなどの《定性的》な問題が入るようになりました．大学入試センター試験との比較で見ると，この「微分法と積分法」は，問題の質が変化している単元であると言えそうです．

〜〜〜〜〜〜〜〜〜〜〜〜〜 シヴァ神の　眼光 〜〜〜〜〜〜〜〜〜〜〜〜〜

　哲学者フッサールは，哲学のあり方に関して「厳密な学であろうとする意志を放棄してはならない」とし，《精密学》の数学や物理との別を強調している．ここでいう厳密とは，明証性に基づいた概念的明晰性と判明性のことである．《微分・積分》について語るときに，無限小や無限大の概念を避けることはできないので，数学を《精密学》と限定されることには違和感を覚える人もいるかもしれない．ところが，実はフッサールは数学者の"ワイエルシュトラス"や"クロネッカー"のもとで数学基礎論を学んでいる数学者でもあり，ライプニッツの影響も受けており，「数学よ，厳密性を貴べ！」と言いたいのである．
　積分の歴史は古く，2000年前にはアルキメデスが三角形の取り尽くし法で放物線と弦で囲まれた面積を求めている．ライプニッツの積分を使えば

162

1行で計算でき，旧センター試験でも頻出であった．共通テストの第2日程の第2問の後半でも出題された．

　もう一方の微分は，デカルトやフェルマーの接線法からライプニッツに引き継がれて発展した．共通テストの第1日程では接線についての考察を要求され，「多項式関数の1次以下の項は，y軸との交点における接線の式になる」ことを確認することになっている．マクローリン展開を参照すると理解は深まるだろう．

　無限小解析によって微分と積分が繋がることになるので，「微積分の基本定理」を正しく理解することがこの分野を俯瞰することになる．"わかりやすさ"がもてはやされる現在は，初等教育でも，《微分的な考え》や《積分的な考え》を教えられる場面もあり，微分は接線，積分は面積というイメージは人口に膾炙している．しかし，普遍なものを追求していくときは，歴史に戻るとよい．微分と積分が逆の関係であることが示された経緯や必然性を再考されたい．

　中等教育での《新学力観》としては，接線や面積を求めるだけでなく，"関数をどう利用するのか"という圏論的意識にも注目してほしい．仏教で《物自体》より《物と物の関係》に意識を置くことがあるように．《微積分の基本定理》の性質として，定積分関数が第1回試行調査，共通テスト第2日程で出題されたが，この傾向はますます強くなるだろう．

　静置された図形の考察が主であった《幾何学》の時代から《微分・積分》への時代と転じていったのは，［時間・運動・観測］の関係を記す必要性が増してきたからである．"ある現象がどう変化するか"，"変化の統合がどうなるか"など多変量を常時解析して，条件付き最大・最小を求める《最適化》の問題は情報社会に根ざしてますます必要度を増している．《図形と方程式》の線形計画法との融合問題など，数学Ⅰや数学Ⅱの他の分野との相関を常に考慮しておきたい．連続と離散を何度も往復して，厳密なる数学思考力を身につけ，解析学へ飛翔してもらいたいものである．

第10章　微分と積分

〜〜〜〜〜〜〜〜〜〜 令和参年度・第1日程の出題から 〜〜〜〜〜〜〜〜〜〜

(1) 座標平面上で，次の二つの2次関数のグラフについて考える．

$$y = 3x^2 + 2x + 3 \quad \cdots\cdots ①$$

$$y = 2x^2 + 2x + 3 \quad \cdots\cdots ②$$

①，②の2次関数のグラフには次の共通点がある．

> 共通点
> ・y 軸との交点の y 座標は $\boxed{\text{ア}}$ である．
> ・y 軸との交点における接線の方程式は $y = \boxed{\text{イ}}\,x + \boxed{\text{ウ}}$ である．

　次の ⓪〜 ⑤の2次関数のグラフのうち，y 軸との交点における接線の方程式が $y = \boxed{\text{イ}}\,x + \boxed{\text{ウ}}$ となるものは $\boxed{\text{エ}}$ である．

$\boxed{\text{エ}}$ の解答群

⓪　$y = 3x^2 - 2x - 3$　　　　　① $y = -3x^2 + 2x - 3$

②　$y = 2x^2 + 2x - 3$　　　　　③ $y = 2x^2 - 2x + 3$

④　$y = -x^2 + 2x + 3$　　　　　⑤ $y = -x^2 - 2x + 3$

　a , b , c を0でない実数とする．

　曲線 $y = ax^2 + bx + c$ 上の点 $\left(0, \boxed{\text{オ}}\right)$ における接線を l とすると，その方程式は $y = \boxed{\text{カ}}\,x + \boxed{\text{キ}}$ である．

　接線 l と x 軸との交点の x 座標は $\dfrac{\boxed{\text{クケ}}}{\boxed{\text{コ}}}$ である．

164

a，b，c が正の実数であるとき，曲線 $y = ax^2 + bx + c$ と接線 l および直線 $x = \dfrac{\boxed{クケ}}{\boxed{コ}}$ で囲まれた図形の面積を S とすると

$$S = \dfrac{ac^{\boxed{サ}}}{\boxed{シ}\, b^{\boxed{ス}}} \qquad \cdots\cdots ③$$

である．

③において，$a = 1$ とし，S の値が一定となるように正の実数 b，c の値を変化させる．このとき，b と c の関係を表すグラフの概形は $\boxed{セ}$ である．

$\boxed{セ}$ については，最も適当なものを，次の ⓪〜 ⑤のうちから一つ選べ．

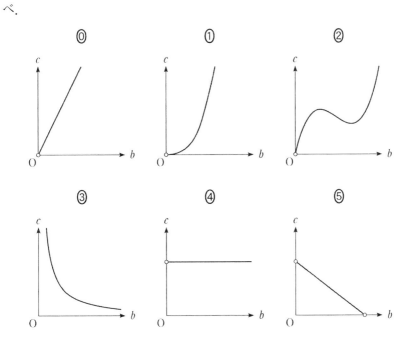

(2)　座標平面上で，次の三つの 3 次関数のグラフについて考える．

$$y = 4x^3 + 2x^2 + 3x + 5 \quad \cdots\cdots ④$$

$$y = -2x^3 + 7x^2 + 3x + 5 \quad \cdots\cdots ⑤$$

$$y = 5x^3 - x^2 + 3x + 5 \quad \cdots\cdots ⑥$$

④，⑤，⑥の 3 次関数のグラフには次の共通点がある．

共通点

・y 軸との交点の y 座標は ソ である．

・y 軸との交点における接線の方程式は $y = $ タ $x + $ チ である．

a ，b ，c ，d を 0 でない実数とする．

曲線 $y = ax^3 + bx^2 + cx + d$ 上の点 $\left(0, \boxed{ツ}\right)$ における接線の方程式は

$y = \boxed{テ}\, x + \boxed{ト}$ である．

次に，$f(x) = ax^3 + bx^2 + cx + d$ ，$g(x) = \boxed{テ}\, x + \boxed{ト}$ とし，$f(x) - g(x)$ について考える．

$h(x) = f(x) - g(x)$ とおく．a ，b ，c ，d が正の実数であるとき，$y = h(x)$ のグラフの概形は ナ である．

$y = f(x)$ のグラフと $y = g(x)$ のグラフの共有点の x 座標は $\dfrac{ニヌ}{ネ}$ と ノ である．また，x が $\dfrac{ニヌ}{ネ}$ と ノ の間を動くとき，$|f(x) - g(x)|$ の値が最大となるのは，$x = \dfrac{ハヒフ}{ヘホ}$ のときである．

166

$\boxed{\textbf{ナ}}$ については，最も適当なものを，次の⓪～⑤のうちから一つ選べ．

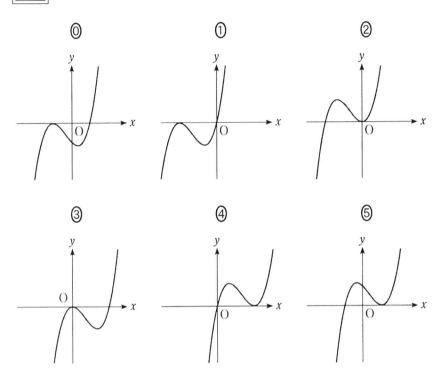

（2021 共通テスト第1日程・数学ⅡB）

解答と解説

(1) $\boxed{\textbf{ア}}=3$, $\boxed{\textbf{イ}}x+\boxed{\textbf{ウ}}=2x+3$, $\boxed{\textbf{エ}}=④$,

$\boxed{\textbf{オ}}=c$, $\boxed{\textbf{カ}}x+\boxed{\textbf{キ}}=bx+c$, $\dfrac{\boxed{\textbf{クケ}}}{\boxed{\textbf{コ}}}=\dfrac{-c}{b}$,

$\dfrac{ac^{\boxed{\textbf{サ}}}}{\boxed{\textbf{シ}}b^{\boxed{\textbf{ス}}}}=\dfrac{ac^3}{3b^3}$, $\boxed{\textbf{セ}}=⓪$

(2) $\boxed{\textbf{ソ}}=5$, $\boxed{\textbf{タ}}x+\boxed{\textbf{チ}}=3x+5$, $\boxed{\textbf{ツ}}=d$,

167

$$\boxed{\text{テ}}\, x + \boxed{\text{ト}} = cx + d \ , \quad \boxed{\boxed{\text{ナ}}} = ② \ , \quad \frac{\boxed{\text{ニヌ}}}{\boxed{\text{ネ}}} = \frac{-b}{a} \ ,$$

$$\boxed{\text{ノ}} = 0 \ , \quad \frac{\boxed{\text{ハヒフ}}}{\boxed{\text{ヘホ}}} = \frac{-2b}{3a}$$

(1) 曲線 $y = ax^2 + bx + c$ 上の点 $(0, c)$ における接線 l の方程式は

$y = bx + c$ である．曲線 $y = ax^2 + bx + c$ と接線 l および直線 $x = \dfrac{-c}{b}$ で

囲まれた図形の面積を S とすると $S = \displaystyle\int_{\frac{-c}{b}}^{0} ax^2\,dx = \left[\dfrac{ax^3}{3}\right]_{\frac{-c}{b}}^{0} = \dfrac{a}{3}\left(\dfrac{c}{b}\right)^3$

$a = 1$ として $S = \dfrac{1}{3}\left(\dfrac{c}{b}\right)^3$ が一定になるとき $\dfrac{c}{b}$ が一定値をとるので，

グラフは ⓪

(2) 曲線 $y = ax^3 + bx^2 + cx + d$ 上の点 $(0, d)$ における接線の方程式は

$y = cx + d$ である．

$f(x) = ax^3 + bx^2 + cx + d \ , \quad g(x) = cx + d \ ,$

$h(x) = f(x) - g(x) = ax^3 + bx^2 = ax^2\left(x + \dfrac{b}{a}\right)$ のグラフは ②

$h'(x) = 3ax^2 + 2bx = 3ax\left(x + \dfrac{2b}{3a}\right)$ より $\dfrac{-b}{a} < x < 0$ において

$\big|f(x) - g(x)\big| = \big|h(x)\big|$ の値が最大となるのは $x = \dfrac{-2b}{3a}$ のとき．

┌─────────┐
│ 黒岩虎雄 │
└─────────┘

　曲線 $y = f(x)$ （ここで f は多項式）のグラフにおいて，y 切片 $\big(0, f(0)\big)$

における接線の方程式は $y = f'(0)x + f(0)$ である．$f(x)$ の 1 次以下の項を

とりだすと $f'(0)x + f(0)$ に一致している．この事実に焦点をあてた出題で

あった．計算力を減らしつつ，理解を問う配慮が感じられる．

第10章 微分と積分

a を実数とし，$f(x) = (x-a)(x-2)$ とおく．また，$F(x) = \int_0^x f(t)dt$ とする．

(1) $a = 1$ のとき，$F(x)$ は $x = \boxed{\text{ア}}$ で極小になる．

(2) $a = \boxed{\text{イ}}$ のとき，$F(x)$ はつねに増加する．また，$F(0) = \boxed{\text{ウ}}$ であるから，$a = \boxed{\text{イ}}$ のとき，$F(2)$ の値は $\boxed{\text{エ}}$ である．

$\boxed{\text{エ}}$ の解答群

    ⓪ 0   ① 正   ② 負

(3) $a > \boxed{\text{イ}}$ とする．b を実数とし，$G(x) = \int_b^x f(t)dt$ とおく．

    関数 $y = G(x)$ のグラフは，$y = F(x)$ のグラフを $\boxed{\text{オ}}$ 方向に $\boxed{\text{カ}}$ だけ平行移動したものと一致する．また，$G(x)$ は $x = \boxed{\text{キ}}$ で極大になり，$x = \boxed{\text{ク}}$ で極小になる．

    $G(b) = \boxed{\text{ケ}}$ であるから，$b = \boxed{\text{キ}}$ のとき，曲線 $y = G(x)$ と x 軸との共有点の個数は $\boxed{\text{コ}}$ 個である．

$\boxed{\text{オ}}$ の解答群

    ⓪ x 軸   ① y 軸

$\boxed{\text{カ}}$ の解答群

    ⓪ b ① $-b$ ② $F(b)$ ③ $-F(b)$ ④ $F(-b)$ ⑤ $-F(-b)$

（2021 共通テスト第2日程・数学ⅡB）

第10章　微分と積分

$\boxed{\text{解答と解説}}$

(1) $\boxed{\text{ア}} = 2$,

(2) $\boxed{\text{イ}} = 2$, $\boxed{\text{ウ}} = 0$, $\boxed{\text{エ}} = ①$

(3) $\boxed{\text{オ}} = ①$, $\boxed{\text{カ}} = ③$, $\boxed{\text{キ}} = 2$, $\boxed{\text{ク}} = a$,

$\quad$ $\boxed{\text{ケ}} = 0$, $\boxed{\text{コ}} = 2$

$F(x) = \int_0^x f(t)dt$ のとき $F'(x) = f(x) = (x-a)(x-2)$ である.

(1) $a = 1$ ならば $F'(x) = f(x) = (x-1)(x-2)$ なので,

$\qquad F(x)$ は $x = 1$ で極大, $x = 2$ で極小になる.

(2) $a = 2$ のとき $F'(x) = f(x) = (x-2)^2 \geq 0$ なので $F(x)$ は単調増加.

$F(0) = \int_0^0 f(t)dt = 0$ だから, $a = 2$ のとき $F(2) > F(0) = 0$ で

$\qquad F(2)$ は正（①）

(3) $G(x) = \int_b^x f(t)dt = F(x) - F(b)$ なので, $y = G(x)$ のグラフは,

$y = F(x)$ のグラフを y 軸方向に $-F(b)$ だけ平行移動したものである.

$a > 2$ なので, $G(x)$ は $F(x)$ と同様に $x = 2$ で極大, $x = a$ で極小に

なる. $G(b) = F(b) - F(b) = 0$ だから $b = 2$ のとき $G(x)$ の極大値が 0.

$y = G(x)$ と x 軸（$y = 0$）との共有点の個数は 2 個.

$\boxed{\text{黒岩虎雄}}$

　こちらも，従来の大学入試センター試験よりも計算量を減らした出題に
なっている．「微分と積分の関係」を理解していれば，計算の手間を削減
できる．たとえば (2) では，極値である $F(2)$ の値そのものではなく，そ
の「符号」を答えさせている．細かい配慮が感じられる．

第10章　微分と積分

$g(x)=|x|(x+1)$ とおく.

点 P$(-1,0)$ を通り, 傾きが c の直線を l とする. $g'(-1)=\boxed{\text{サ}}$ であるから, $0<c<\boxed{\text{サ}}$ のとき, 曲線 $y=g(x)$ と直線 l は 3 点で交わる. そのうちの 1 点は P であり, 残りの 2 点を点 P に近い方から順に Q, R とすると, 点 Q の x 座標は $\boxed{\text{シス}}$ であり, 点 R の x 座標は $\boxed{\text{セ}}$ である.

また, $0<c<\boxed{\text{サ}}$ のとき, 線分 PQ と曲線 $y=g(x)$ で囲まれた図形の面積を S とし, 線分 QR と曲線 $y=g(x)$ で囲まれた図形の面積を T とすると

$$S=\dfrac{\boxed{\text{ソ}}c^3+\boxed{\text{タ}}c^2-\boxed{\text{チ}}c+1}{\boxed{\text{ツ}}}$$

$$T=c^{\boxed{\text{テ}}}$$

である.

（2021 共通テスト第2日程・数学ⅡB）

解答と解説

$\boxed{\text{サ}}=1$, $\boxed{\text{シス}}=-c$, $\boxed{\text{セ}}=c$,

$\dfrac{\boxed{\text{ソ}}c^3+\boxed{\text{タ}}c^2-\boxed{\text{チ}}c+1}{\boxed{\text{ツ}}}=\dfrac{-c^3+3c^2-3c+1}{6}$, $c^{\boxed{\text{テ}}}=c^2$

$g(x)=|x|(x+1)=\begin{cases}-x(x+1) & (x<0)\\ x(x+1) & (x\geq0)\end{cases}$

$x<0$ のとき $g'(x)=-2x-1$ なので $g'(-1)=1$

171

$0 < c < 1$ のとき $y = g(x)$ と直線 $\ell : y = c(x+1)$ は 3 点で交わる.

$x < 0$ のとき；$-x(x+1) = c(x+1)$ より $x = -1, -c$ で Q の x 座標は $-c$

$x > 0$ のとき；$x(x+1) = c(x+1)$ より $x = c$ で R の x 座標は c

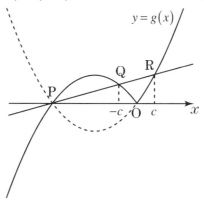

$$S = \int_{-1}^{-c} \{ -x(x+1) - c(x+1) \} dx$$

$$= \int_{-1}^{-c} -(x+1)(x+c) dx$$

$$= \frac{1}{6}(1-c)^3 = \frac{1}{6}(c^3 + 3c^2 - 3c + 1)$$

$T =$

$$= \frac{1}{6}\left(c - (-1)\right)^3 - 2 \times \frac{1}{6}\left(0 - (-1)\right)^3 + \frac{1}{6}(1-c)^3$$

$$= \frac{1}{6}\left\{ (1+c)^3 + (1-c)^3 - 2 \right\}$$

$$= \frac{1}{6} \cdot 6c^2 = c^2$$

第10章　微分と積分

黒岩虎雄

　大学受験指導の世界で「1/6 公式」あるいは「1/12 公式」と呼ばれる，定積分の公式がある．

$$\int_\alpha^\beta -(x-\alpha)(x-\beta)\,dx = \frac{1}{6}(\beta-\alpha)^3$$

$$\int_\alpha^\beta -(x-\alpha)^2(x-\beta)\,dx = \frac{1}{12}(\beta-\alpha)^4$$

$$\int_\alpha^\beta (x-\alpha)(x-\beta)^2\,dx = \frac{1}{12}(\beta-\alpha)^4$$

といった公式たちである．特に「1/6 公式」は，放物線と弦の間に囲まれる部分の面積を求めるのに重宝する公式である．大学個別の 2 次試験においても，特に文系の学部では，この公式を使える問題が多く出題されている．

　ところが，大学入試センター試験では一貫して，これらの公式を使うことを拒むような出題が続いていた．積分区間の端が，曲線の交点でないような図形について，その面積を定積分で計算させるのである．当然に，計算は面倒になるのだが，その面倒さを回避する有効な方法が見当たらない．当初は「受験生への嫌がらせか？」とも思った．そんなはずはなく，おそらくは「数学Ⅲの履修者が，著しく得をすることにならないように」という妙な配慮が働いていたのだろう．

　しかし，この第 2 日程の出題をみて，霧が晴れたような気持ちになった．工夫をすることで計算量を減らすことができる出題であるからだ．短い制限時間の中で，面倒な計算を強いるような試験から卒業しているのだとすれば，それは歓迎すべき現象であろう．

共通テスト数学における質的変化の研究
数学II・B　第11章
数列

　ここからは，数学Bの選択部分に入ります．第11章は「数列」を取り上げます．従来の大学入試センター試験では，この単元の出題はもっぱら《定量的》な問題が主流でした．プレテスト（試行調査）以降には《定性的》な問題も見られるようになりましたが，まだ一部に留まっています．

　多くの高校生にとって漸化式の学習は，一般項を求めるテクニックを修得することに多くのエネルギーを割いているのが現状です．これは，学習指導要領のいう「知識・技能」の部分です．本来であれば，漸化式の学習には《漸化式を立てる》，《漸化式を使う》，《漸化式を解く》という3つの場面があります．従来は《立てる》と《使う》は2次試験マターとなっていましたが，共通テストはこの部分をも出題に取り込み始めています．

　学習指導要領は「思考力，判断力，表現力等」として次のことを述べています．

(ア) 事象から離散的な変化を見いだし，それらの変化の規則性を数
　　 学的に表現し考察すること．

(イ) 事象の再帰的な関係に着目し，日常の事象や社会の事象などを
　　 数学的に捉え，数列の考えを問題解決に活用すること．

(ウ) 自然数の性質などを見いだし，それらを数学的帰納法を用いて
　　 証明するとともに，他の証明方法と比較し多面的に考察するこ
　　 と．

　これらが共通テストにおいて，どのように具現化されているのか，注目していきましょう．

第11章 数列

　第1回試行調査で血中濃度の漸化式問題が出題された．"日常の現象を数理的に捉えて立式化する"という共通テストの理念を象徴する問いであった．コロナ禍の現在，漸化式は《自己防衛の数学》の核となった．数列はじっとしていない．身の回りには，至る所に数列が生まれて，各種数列が結びついている．

　第2回試行調査では，漸化式の解き方を会話方式で複数提示された．共通テスト第1日程では，2種類の数列の関係式から出発し，条件で絞り込みながら数列の一般項が問われた．旧センター試験の等差・等比数列の一般項や数列の和を直接求める《順問題》とは反対の《逆問題》での出題である．さらに，共通テストの第2日程では，フィボナッチ数列の類型として，畳の敷き詰め方の漸化式を作ることになった．図と言葉と記号と式の連関が伝わるよい問題である．一般項そのものよりも，関係式の方に重点が置かれた．

　前章の《微分・積分》でも述べたが，関数やグラフを考えるときには，「離散と連続を何度も往復すること」が大事である．数列の自然数の添字 n を実数 x に，一般項 a_n の値を $f(x)$ に見立てると，数列を関数化することができる．その立場では，階差は微分となり，数列の和は積分となる．

　上記で"漸化式が核"と述べたのは，「和分・差分」と「微分・積分」の関係により《微分方程式》を離散化したものが漸化式であると多くの高校生が気づいてほしいという願いを込めている．高校卒業後に《微分方程式》を学ばないのなら高校離散数学の砦として，学び続けるのなら大学数学の入口として漸化式に対峙してほしい（感染症の数理モデルのＳＩＲ理論などで，ロジスティック曲線やシグモイド曲線に触れておきたい）．

　数列の問題は個別の大学入試では，整数と組んで剰余系を問われたり，二項係数と組んで母関数を問われたり，確率と組んで確率漸化式の問題になったり，取り尽くし法で面積求値問題になったり，もちろん数学Ⅲでは，無限級数や解の近似法において主役となる．対話形式の特徴を持つ共通テストでは，受験生が未修の部分をも誘導して多彩に出題されるので，

第11章　数列

以前のようにセンター試験と個別の大学入試を分けて学習するのではなく総合的に取り組みたい.

　情報理論や符号理論, 数理生物学などＡＩ社会を支える離散数学の言葉である《数列分野》は, プログラム思考を鍛える場である. 繰り返しを支える《数学的帰納法》の習得もその一面である. 新学習指導要領でも, 数学Bとして生き残る《数列》は, 新科目の「情報」とも密接な関係を保つだろう. 数列はじっとしていないのである.

◁◦◁◦◁◦◁◦◁◦◁◦◁◦ 令和参年度・第２日程の出題から ◦▷◦▷◦▷◦▷◦▷◦▷◦▷◦

　自然数 n に対して, $S_n = 5^n - 1$ とする. さらに, 数列 $\{a_n\}$ の初項から第 n 項までの和が S_n であるとする. このとき, $a_1 = \boxed{\text{ア}}$ である. また, $n \geq 2$ のとき

$$a_n = \boxed{\text{イ}} \cdot \boxed{\text{ウ}}^{\,n-1}$$

である. この式は $n = 1$ のときにも成り立つ.

　上で求めたことから, すべての自然数 n に対して

$$\sum_{k=1}^{n} \frac{1}{a_k} = \frac{\boxed{\text{エ}}}{\boxed{\text{オカ}}}\left(1 - \boxed{\text{キ}}^{\,-n}\right)$$

が成り立つことがわかる.

(2021 共通テスト第２日程・数学ⅡB)

解答と解説

$\boxed{\text{ア}} = 4$, $\boxed{\text{イ}} \cdot \boxed{\text{ウ}}^{\,n-1} = 4 \times 5^{n-1}$, $\dfrac{\boxed{\text{エ}}}{\boxed{\text{オカ}}}\left(1 - \boxed{\text{キ}}^{\,-n}\right) = \dfrac{5}{16}\left(1 - 5^{-n}\right)$

$S_n = \displaystyle\sum_{k=1}^{n} a_k = 5^n - 1$ のとき, $a_1 = S_1 = 5^1 - 1 = 4$

$n \geq 2$ のとき $a_n = S_n - S_{n-1} = (5^n - 1) - (5^{n-1} - 1) = 4 \cdot 5^{n-1}$

これは $n = 1$ でも成り立つ.

$$\sum_{k=1}^{n} \frac{1}{a_k} = \sum_{k=1}^{n} \frac{1}{4 \cdot 5^{k-1}} = \frac{1}{4} \cdot \frac{1 - \left(\frac{1}{5}\right)^n}{1 - \frac{1}{5}} = \frac{5}{16}\left(1 - 5^{-n}\right)$$

黒岩虎雄

　この問題は選択問題としての大問（配点 20）の一部（配点 6）の小さな問題であった．残りの 14 点は後述する「タイルの敷き詰め」の問題であり，こちらがかなり目新しく見えることから，従来タイプの本問と組み合わせることで，平均点などのデータを整えようとしたのではないか．

　内容としては，検定教科書の基本学習項目そのまま，である．ところで「$n \geq 2$ のとき $a_n = $ 　イ　・　ウ　$^{n-1}$ である．この式は $n = 1$ のときにも成り立つ」という話の流れは，どこでもよく見かける定番中の定番であるが，生徒たち（中には一部指導者にも？）の間にしばしば，次のような誤解がある．「この式は $n = 1$ のときにも成り立つ」というのは「検算をしているのだ」という．とんでもない話である．

　どの本にもよく見かける上の話は $n \geq 2$ の場合と $n = 1$ の場合の《場合分け》をしているのである．というのも，$a_n = S_n - S_{n-1}$ という等式は，$n \geq 2$ の場合でなければそもそも定義できないのであるから，$a_n = 4 \cdot 5^{n-1}$ という結果が得られても，これは $n \geq 2$ の範囲で有効な結果である．

　あまりにも基本的なことなのに，ここで殊更に取り上げて注意を促したのには理由がある．近年，YouTube上で無料で学習ができるというビデオがたくさん流れているので，いくつかを視聴してみたところ，無茶苦茶な説明が（無視できないほどに）横行していることに気づいたのである．上の「検算をしている」のだという説明も，ネット上のビデオにあったものである．「安物買いの銭失い」とはよく言ったものである．

　余談だが，もし「検算」をする場合には，答案において殊更に「検算しましたよ」とアピールする必要もない．黙って，計算が正しいことを確認すれば済むことである．

初項 3，公差 p の等差数列を $\{a_n\}$ とし，初項 3，公比 r の等比数列を $\{b_n\}$ とする．ただし，$p \neq 0$ かつ $r \neq 0$ とする．さらに，これらの数列が次を満たすとする．

$$a_n b_{n+1} - 2a_{n+1}b_n + 3b_{n+1} = 0 \qquad (\, n = 1 \,,\ 2 \,,\ 3 \,,\ \cdots \,) \cdots\cdots \text{①}$$

(1) p と r の値を求めよう．自然数 n について，a_n，a_{n+1}，b_n はそれぞれ

$$a_n = \boxed{\ \textbf{ア}\ } + (n-1)p \qquad \cdots\cdots \text{②}$$

$$a_{n+1} = \boxed{\ \textbf{ア}\ } + np \qquad \cdots\cdots \text{③}$$

$$b_n = \boxed{\ \textbf{イ}\ }\, r^{n-1}$$

と表される．$r \neq 0$ により，すべての自然数 n について，$b_n \neq 0$ となる．$\dfrac{b_{n+1}}{b_n} = r$ であることから，①の両辺を b_n で割ることにより

$$\boxed{\ \textbf{ウ}\ }\, a_{n+1} = r \left(a_n + \boxed{\ \textbf{エ}\ } \right) \qquad \cdots\cdots \text{④}$$

が成り立つことがわかる．④に ②と ③を代入すると

$$\left(r - \boxed{\ \textbf{オ}\ } \right) pn = r \left(p - \boxed{\ \textbf{カ}\ } \right) + \boxed{\ \textbf{キ}\ } \qquad \cdots\cdots \text{⑤}$$

となる．⑤がすべての n で成り立つことおよび $p \neq 0$ により，

$r = \boxed{\ \textbf{オ}\ }$ を得る．さらに，このことから，$p = \boxed{\ \textbf{ク}\ }$ を得る．

　以上から，すべての自然数 n について，a_n と b_n が正であることもわかる．

(2) $p = \boxed{\ \textbf{ク}\ }$，$r = \boxed{\ \textbf{オ}\ }$ であることから，$\{a_n\}$，$\{b_n\}$ の初項から第 n 項までの和は，それぞれ次の式で与えられる．

$$\sum_{k=1}^{n} a_k = \frac{\boxed{ケ}}{\boxed{コ}} n\left(n + \boxed{サ}\right)$$

$$\sum_{k=1}^{n} b_k = \boxed{シ}\left(\boxed{オ}^{\,n} - \boxed{ス}\right)$$

(3) 数列 $\{a_n\}$ に対して，初項 3 の数列 $\{c_n\}$ が次を満たすとする．

$$a_n c_{n+1} - 4a_{n+1}c_n + 3c_{n+1} = 0 \qquad (n = 1,\ 2,\ 3,\ \cdots) \ \cdots\cdots ⑥$$

a_n が正であることから，⑥を変形して，$c_{n+1} = \dfrac{\boxed{セ}\,a_{n+1}}{a_n + \boxed{ソ}} c_n$ を得る．

さらに，$p = \boxed{ク}$ であることから，数列 $\{c_n\}$ は $\boxed{タ}$ ことがわかる．

$\boxed{タ}$ の解答群

⓪ すべての項が同じ値をとる数列である

① 公差が 0 でない等差数列である

② 公比が 1 より大きい等比数列である

③ 公比が 1 より小さい等比数列である

④ 等差数列でも等比数列でもない

(4) q，n は定数で，$q \neq 0$ とする．数列 $\{b_n\}$ に対して，初項 3 の数列 $\{d_n\}$ が次を満たすとする．

$$d_n b_{n+1} - q d_{n+1} b_n + u b_{n+1} = 0 \qquad (n = 1,\ 2,\ 3,\ \cdots) \ \cdots\cdots ⑦$$

$r = \boxed{オ}$ であることから，⑦を変形して，$d_{n+1} = \dfrac{\boxed{チ}}{q}(d_n + u)$ を得る．したがって，数列 $\{d_n\}$ が，公比が 0 より大きく 1 より小さい等比数となるための必要十分条件は，$q > \boxed{ツ}$ かつ $u = \boxed{テ}$ である．

(2021 共通テスト第 1 日程・数学 II B)

解答と解説

(1) $\boxed{\text{ア}}=3$, $\boxed{\text{イ}}=3$, $\boxed{\text{ウ}}=2$, $\boxed{\text{エ}}=3$,

$\boxed{\text{オ}}=2$, $\boxed{\text{カ}}=6$, $\boxed{\text{キ}}=6$, $\boxed{\text{ク}}=3$

$$a_n b_{n+1} - 2a_{n+1}b_n + 3b_{n+1} = 0 \quad \cdots\cdots①$$

の両辺を b_n で割って，$\dfrac{b_{n+1}}{b_n}=r$ を用いると，

$$a_n r - 2a_{n+1} + 3r = 0$$
$$2a_{n+1} = r(a_n + 3) \quad \cdots\cdots④$$

ここに②，③を代入すると

$$2(3+np) = r\big(6+(n-1)p\big)$$

n について整理すると $(r-2)pn = 6 + r(p-6)$

n について恒等式なので

$$(r-2)p = 0 , 6+r(p-6)=0$$

これを解いて $r=2$, $p=3$

一般項は，$a_n = 3n$, $b_n = 3\cdot 2^{n-1}$

(2) $\dfrac{\boxed{\text{ケ}}}{\boxed{\text{コ}}}n\big(n+\boxed{\text{サ}}\big)=\dfrac{3}{2}n(n+1)$, $\boxed{\text{シ}}\big(2^n - \boxed{\text{ス}}\big)=3(2^n-1)$

等差数列，等比数列の和の公式を用いて，

$$\sum_{k=1}^{n} a_k = \frac{n}{2}(a_1 + a_n) = \frac{n}{2}(3+3n) = \frac{3}{2}n(n+1)$$

$$\sum_{k=1}^{n} b_k = \frac{b_{n+1}-b_1}{r-1} = \frac{3\cdot 2^n - 3}{2-1} = 3(2^n-1)$$

(3) $\dfrac{\boxed{\text{セ}}\,a_{n+1}}{a_n + \boxed{\text{ソ}}}c_n = \dfrac{4\,a_{n+1}}{a_n+3}c_n$, $\boxed{\text{タ}}=②$

$$a_n c_{n+1} - 4a_{n+1}c_n + 3c_{n+1} = 0 \quad \cdots\cdots⑥$$

から $(a_n+3)c_{n+1}=4a_{n+1}c_n$, $c_{n+1}=\dfrac{4a_{n+1}}{a_n+3}c_n$

$a_n=3n$ を用いると, $c_{n+1}=\dfrac{4(3n+3)}{3n+3}c_n=4c_n$

(4) 　チ$=2$, 　ツ$=2$, 　テ$=0$

$$d_nb_{n+1}-qd_{n+1}b_n+ub_{n+1}=0 \quad \cdots\cdots ⑦$$

の両辺を b_n で割って, $\dfrac{b_{n+1}}{b_n}=r=2$ を用いると,

$$2d_n-qd_{n+1}+2u=0 , \quad d_{n+1}=\dfrac{2}{q}(d_n+u)$$

これが等比数列となるには $u=0$ が必要で,

公比の条件は $0<\dfrac{2}{q}<1$ から $q>2$

（黒岩虎雄）

　等差数列 $\{a_n\}$ と等比数列 $\{b_n\}$ とが絡み合ったような漸化式①が与えられている．検定教科書で見るタイプよりも複雑であるが，旧センター試験以来の「適時適切なヒントを与える」伝統に則り，高校生にも無理のない出題になっているのだと思う．

　ただ，選択問題（配点 20）なので，全体で 60 分の試験時間の中でこの問題に使える時間は 12 分前後である（満点を目指して受験する場合の試算）．内容的には無理ではないが，これを 12 分前後で回答するには，それなりの受験勉強を準備しておかなければならないので，コロナ渦中の公立高校生たちには厳しかったのかもしれない．

　第 1 日程に配置された本問は，従来のセンター試験と大きな違いはなかった．これは，改革を急ぐことで社会的混乱を避けておきたいとか，コロナ渦中の入試なので従来の傾向から大きく動かしたくはない，というブレーキがかかっていたと見ることもできよう．実際，次にみる第 2 日程の問題には「改革」への意欲が見られる．

第11章　数列

　太郎さんは和室の畳を見て，畳の敷き方が何通りあるかに興味を持った．ちょうど手元にタイルがあったので，畳をタイルに置き換えて，数学的に考えることにした．

　縦の長さが1，横の長さが2の長方形のタイルが多数ある．それらを縦か横の向きに，隙間も重なりもなく敷き詰めるとき，その敷き詰め方をタイルの「配置」と呼ぶ．

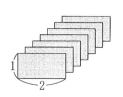 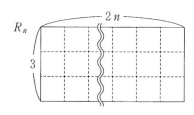

　上の図のように，縦の長さが3，横の長さが$2n$の長方形をR_nとする．$3n$枚のタイルを用いたR_n内の配置の総数をr_nとする．

　$n=1$のときは，下の図のように$r_1=3$である．

　また，$n=2$のときは，下の図のように$r_2=11$である．

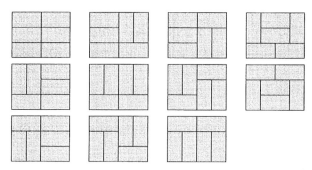

182

(1)　太郎さんは次のような図形 T_n 内の配置を考えた.

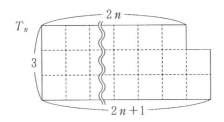

$(3n+1)$ 枚のタイルを用いた T_n 内の配置の総数を t_n とする. $n=1$ の

ときは, $t_1 = \boxed{\textbf{ク}}$ である.

　さらに, 太郎さんは T_n 内の配置について, 右下隅のタイルに注目

して次のような図をかいて考えた.

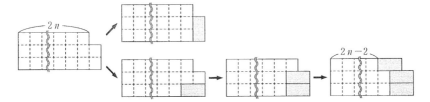

　この図から, 2 以上の自然数 n に対して

$$t_n = Ar_n + Bt_{n-1}$$

が成り立つことがわかる. ただし, $A = \boxed{\textbf{ケ}}$, $B = \boxed{\textbf{コ}}$ である.

　以上から, $t_2 = \boxed{\textbf{サシ}}$ であることがわかる.

　同様に, R_n の右下隅のタイルに注目して次のような図をかいて考え

た.

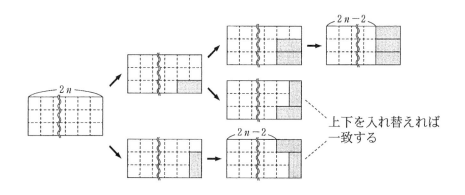

上下を入れ替えれば一致する

　この図から，2 以上の自然数 n に対して

$$r_n = Cr_{n-1} + Dt_{n-1}$$

が成り立つことがわかる．ただし，$C = \boxed{\text{ス}}$ ，$D = \boxed{\text{セ}}$ である．

(2)　畳を縦の長さが 1 ，横の長さが 2 の長方形とみなす．

　　縦の長さが 3 ，横の長さが 6 の長方形の部屋に畳を敷き詰めると

き，敷き詰め方の総数は $\boxed{\text{ソタ}}$ である．

　　また，縦の長さが 3 ，横の長さが 8 の長方形の部屋に畳を敷き詰

めるとき，敷き詰め方の総数は $\boxed{\text{チツテ}}$ である．

（2021 共通テスト第2日程・数学ⅡB）

解答と解説

(1)　$\boxed{\text{ク}} = 4$ ，$\boxed{\text{ケ}} = 1$ ，$\boxed{\text{コ}} = 1$ ，$\boxed{\text{サシ}} = 15$ ，

　　$\boxed{\text{ス}} = 1$ ，$\boxed{\text{セ}} = 2$

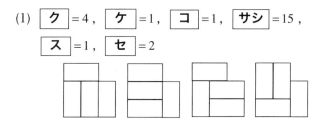

図のように $t_1 = 4$

問題の説明図から，漸化式 $t_n = r_n + t_{n-1}$ が成り立つ． （ $A = 1$ ， $B = 1$ ）

よって $t_2 = r_2 + t_1 = 11 + 4 = 15$

問題の説明図から，漸化式 $r_n = r_{n-1} + 2t_{n-1}$ が成り立つ． （ $C = 1$ ， $D = 2$ ）

(2) $\boxed{\text{ソタ}} = 41$ ， $\boxed{\text{チツテ}} = 153$

$r_3 = r_2 + 2t_2 = 11 + 2 \cdot 15 = 41$

$r_4 = r_3 + 2t_3 = 41 + 2 \cdot 56 = 153$ （ $t_3 = r_3 + t_2 = 41 + 15 = 56$ を用いた）

$\boxed{\text{黒岩虎雄}}$

　第2日程の選択問題（配点 20 ）の一部（配点 14 ）として出題された本問であるが，旧センター試験と比較しても「改革」の意欲が感じられる．受験者数が少ない第2日程であったから，大きな影響はなかったように見えるが，来年度以降の共通テストに向けて布石を打っている可能性があるので，取り扱い要注意の問題と言ってよいだろう．

　畳・タイル（海外ではドミノ）で平面充塡をするという問題群は，大学入試でもしばしば見られた．1995 年東京大学・理系（ $2 \times n$ の長方形の部屋を 1×2 または 2×2 の2種類のタイルを用いて敷き詰める）とか，2012 年群馬大学・医学部（ $3 \times 2n$ の長方形の部屋を 1×2 のタイルを用いて敷き詰めるという本問と同じ設定）がある．また，知恵の館文庫『数学を奏でる指導 volume 9 』（数理哲人）第 107 回 3 にも同様の設定の出題とともに，受験生答案例が掲載されている．

　本稿冒頭にも述べたように，漸化式の学習には《漸化式を立てる》，《漸化式を使う》，《漸化式を解く》という3つの場面がある．本問は《立てる》と《使う》を正面から問うもので，漸化式の正しい使い方であるとも言える．かつての2次試験マターが，共通テストに取り込まれ始めていることに，受験生・指導者ともども，注意を払ってほしい．

共通テスト数学における質的変化の研究
数学II・B　第12章
ベクトル

　第12章では，現行課程の数学Bから「ベクトル」を取り上げます．新課程では数学Cに「追い出される」単元として，話題になりました．新過程のもとでの（2025年以降の）共通テストについて，2020年8月4日付けの日本学術会議（数理科学委員会，数学教育分科会）提言「新学習指導要領下での算数・数学教育の円滑な実施に向けた緊急提言：統計教育の実効性の向上に焦点を当てて」において，次のような提言を述べています．

> 　（引用はじめ）令和7年度以降の大学入学共通テストでは，「数学II・数学B・数学C」を設けるべきである．その際，解答時間を増加させても数学I・数学Aの70分間（現行より10分間増）が限度で，数学Bと数学Cで「4問を選択」とすると時間不足につながると考えられるため，「3問を選択」とすべきである．なお，数学Bと数学Cはそれぞれ3つの内容からなるが，数学Bの「数学と社会生活」と数学Cの「数学的な表現の工夫」は知ることを目的とする内容であり出題外とし，数学Bと数学Cのそれぞれから2問，合計4問から3問選択することが想定される．
>
> 　各大学は個別入学試験で数学Bと数学Cを出題範囲とすべきである．（引用ここまで）

　この提言は「ベクトルが追い出される問題」へのひとつの解決策になっています．実際にこの提言に沿う形で，2025年以降の共通テストでの数学

の出題科目はこれまでの 4 科目から『数学 I，数学A』，『数学 I』，『数学 II，数学B，数学C』の 3 科目に変更されることになりました．

　『数学 II，数学B，数学C』の選択問題は，数学B「数列」，「統計的な推測」，数学C「ベクトル」，「平面上の曲線と複素数平面」の 4 分野から 3 分野を選択解答することになります．おそらくは文系の受験生にとって「平面上の曲線と複素数平面」は難易度が高く負担が大きいので，「統計的な推測」を選択することとなって，国の意向に沿う選択行動に動くことでしょう．理系の場合には「統計的な推測」と「平面上の曲線と複素数平面」に選択者が分かれることでしょう．

シヴァ神の眼光

　2022 年度施行の新課程では，《ベクトル》は選択分野の一部として（数学C）に配置されている．現行の指導要領でも，選択科目の（数学B）に配置されていたことも併せて考えると，必須化されなかったのは，物理の存在が影響しているだろう．ベクトルは力学から発生した概念で，力の合成や分解の表現を得意とする．もしも数の表現が，質量や温度などの止まった値（スカラーという）だけでいいなら生まれてはいない．

　新学習指導要領によると（数学B）と（数学C）の差異化は，（数学C）の方が，"知識・技能よりも表現を重んじる"となっている．旧センター試験は，2018 年度までは平面ベクトルの出題が多く，1 次独立性が問われていた．2019 年度から空間ベクトルの出題に変わったが，上記新学習指導要領の意図する《数学的表現》への移行の始まりだったのかもしれない．

　図形問題を，長さ・面積・角の大きさを求める求値問題と証明問題に分けたときに，後者へシフトしようとしているのは試行調査でも明らかとなっていた．第 1 回試行調査は証明の途中を埋めさせる形式，第 2 回試行調査では，二つの方針を提示して証明の空欄を補充する形式での出題であった．ノーベル物理学賞受賞者のペンローズは「大きさや重さがないときは角度が重要になる」と述べている．

第12章　ベクトル

　高校数学でのベクトルにおける最大の武器は内積（ドット積）である．流体力学・電磁気学・材料力学・天文学・気象学などを《ベクトル解析》で解明するときに，ベクトルとベクトルの掛け算である外積（クロス積）を利用したりするが，高校の履修範囲外の外積の成分も内積を使って計算できるので，日常現象を《数学表現化》する証明問題のベースになりうる．出来れば《テンソル》という言葉にも想いを馳せてほしい．初等幾何，座標幾何，複素数平面と並ぶ図形問題解決の道具である《ベクトル幾何》の良さを理解するには，メタ的な意味を持つ《テンソル》の概念から俯瞰できる．

　共通テストの第1日程は“空間ベクトルを利用した正十二面体の考察”が出題された．《初等幾何》の知識があれば解ける場面もあった．第2日程では，“空間における点の位置の考察”が出題された．斜交座標の知識があれば解きやすかっただろう．《ベクトル》は目的でなく手段である．回転に弱いベクトルは，歴史的にはハミルトンの四元数の一部として再認識されたが，ＡＩ社会においては，コサイン類似度として重要な測定概念となっている（ユークリッド距離はベクトルの大きさを測り，コサイン類似度はベクトルの角度を測る．《データの分析》で定義されている相関係数と同じ意味）．

　量子コンピューター時代には，《ベクトル》は格子暗号として益々活躍するだろう．《アルゴリズムと統計》にまたがる《ベクトル分野》は，記号列でなく神経活動の巨大なベクトルとなったプログラムの世界においても，記号操作と深層学習の融合が必要となり，選択分野でなく必須化しているのである．

［参考図書］
“文系高校生から回転が奪われる？”とか“正多面体の考察”などに触れ，図形問題に切り込んでいる参考書として，『現代数学』誌でも連載されていた『算数MANIA』（初代算数仮面・弐代目算数仮面共著，現代数学社，2017 年）を勧める．

188

第12章　ベクトル

1辺の長さが1の正五角形の対角線の長さを a とする.

(1)　1辺の長さが1の正五角形 $OA_1B_1C_1A_2$ を考える.

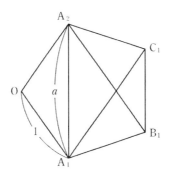

$\angle A_1C_1B_1 = \boxed{\text{アイ}}\,°$, $\angle C_1A_1A_2 = \boxed{\text{アイ}}\,°$ となることから, $\overrightarrow{A_1A_2}$ と $\overrightarrow{B_1C_1}$ は平行である. ゆえに

$$\overrightarrow{A_1A_2} = \boxed{\text{ウ}}\,\overrightarrow{B_1C_1}$$

であるから

$$\overrightarrow{B_1C_1} = \frac{1}{\boxed{\text{ウ}}}\,\overrightarrow{A_1A_2} = \frac{1}{\boxed{\text{ウ}}}\left(\overrightarrow{OA_2} - \overrightarrow{OA_1}\right)$$

また, $\overrightarrow{OA_1}$ と $\overrightarrow{A_2B_1}$ は平行で, さらに, $\overrightarrow{OA_2}$ と $\overrightarrow{A_1C_1}$ も平行であることから

$$\overrightarrow{B_1C_1} = \overrightarrow{B_1A_2} + \overrightarrow{A_2O} + \overrightarrow{OA_1} + \overrightarrow{A_1C_1}$$

$$= -\boxed{\text{ウ}}\,\overrightarrow{OA_1} - \overrightarrow{OA_2} + \overrightarrow{OA_1} + \boxed{\text{ウ}}\,\overrightarrow{OA_2}$$

$$= \left(\boxed{\text{エ}} - \boxed{\text{オ}}\right)\left(\overrightarrow{OA_2} - \overrightarrow{OA_1}\right)$$

となる. したがって

$$\frac{1}{\boxed{\text{ウ}}} = \boxed{\text{エ}} - \boxed{\text{オ}}$$

が成り立つ. $a > 0$ に注意してこれを解くと, $a = \dfrac{1+\sqrt{5}}{2}$ を得る.

(2)　下の図のような，1辺の長さが1の正十二面体を考える．正十二面
　　体とは，どの面もすべて合同な正五角形であり，どの頂点にも三つの
　　面が集まっているへこみのない多面体のことである．

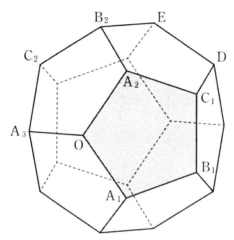

　　面 $OA_1B_1C_1A_2$ に着目する．$\overrightarrow{OA_1}$ と $\overrightarrow{A_2B_1}$ が平行であることから

$$\overrightarrow{OB_1} = \overrightarrow{OA_2} + \overrightarrow{A_2B_1} = \overrightarrow{OA_2} + \boxed{ウ}\,\overrightarrow{OA_1}$$

である．また

$$\left|\overrightarrow{OA_2} - \overrightarrow{OA_1}\right|^2 = \left|\overrightarrow{A_1A_2}\right|^2 = \frac{\boxed{カ} + \sqrt{\boxed{キ}}}{\boxed{ク}}$$

に注意すると

$$\overrightarrow{OA_1} \cdot \overrightarrow{OA_2} = \frac{\boxed{ケ} - \sqrt{\boxed{コ}}}{\boxed{サ}}$$

を得る．

ただし，$\boxed{カ} \sim \boxed{サ}$ は，文字 a を用いない形で答えること．

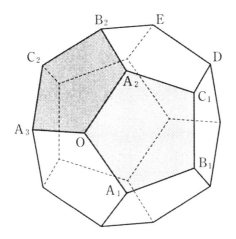

次に，面 $OA_2B_2C_2A_3$ に着目すると

$$\overrightarrow{OB_2} = \overrightarrow{OA_3} + \boxed{ウ}\,\overrightarrow{OA_2}$$

である．さらに

$$\overrightarrow{OA_2} \cdot \overrightarrow{OA_3} = \overrightarrow{OA_3} \cdot \overrightarrow{OA_1} = \frac{\boxed{ケ} - \sqrt{\boxed{コ}}}{\boxed{サ}}$$

が成り立つことがわかる．ゆえに

$$\overrightarrow{OA_1} \cdot \overrightarrow{OB_2} = \boxed{シ}\,,\quad \overrightarrow{OB_1} \cdot \overrightarrow{OB_2} = \boxed{ス}$$

である．

$\boxed{シ}$，$\boxed{ス}$ の解答群（同じものを繰り返し選んでもよい．）

⓪　0　　　　① 1　　　　② -1　　　　③ $\dfrac{1+\sqrt{5}}{2}$

④ $\dfrac{1-\sqrt{5}}{2}$　　⑤ $\dfrac{-1+\sqrt{5}}{2}$　　⑥ $\dfrac{-1-\sqrt{5}}{2}$　　⑦ $-\dfrac{1}{2}$

⑧ $\dfrac{-1+\sqrt{5}}{4}$　　⑨ $\dfrac{-1-\sqrt{5}}{4}$

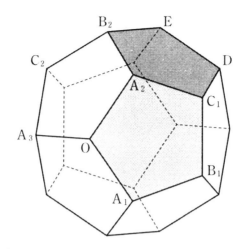

　最後に，面 $A_2C_1DEB_2$ に着目する.

$$\overrightarrow{B_2D} = \boxed{\ ウ\ }\overrightarrow{A_2C_1} = \overrightarrow{OB_1}$$

であることに注意すると，4点 O，B_1，D，B_2 は同一平面上にあ

り，四角形 OB_1DB_2 は $\boxed{\ セ\ }$ ことがわかる.

$\boxed{\ セ\ }$ の解答群

⓪　正方形である

①　正方形ではないが，長方形である

②　正方形ではないが，ひし形である

③　長方形でもひし形でもないが，平行四辺形である

④　平行四辺形ではないが，台形である

⑤　台形ではない

ただし，少なくとも一組の対辺が平行な四角形を台形という.

（2021 共通テスト第1日程・数学ⅡB）

192

解答と解説

(1) $\boxed{アイ}^{\circ} = 36°$, $\boxed{ウ} = a$, $\left(\boxed{エ} - \boxed{オ}\right) = a - 1$,

(2) $\dfrac{\boxed{カ} + \sqrt{\boxed{キ}}}{\boxed{ク}} = \dfrac{3+\sqrt{5}}{2}$, $\dfrac{\boxed{ケ} - \sqrt{\boxed{コ}}}{\boxed{サ}} = \dfrac{1-\sqrt{5}}{4}$,

$\boxed{シ} = ⑨$, $\boxed{ス} = ⓪$, $\boxed{セ} = ⓪$

$\overrightarrow{OA_1} \cdot \overrightarrow{OA_2} = \dfrac{\boxed{ケ} - \sqrt{\boxed{コ}}}{\boxed{サ}}$ について；

直前の $\left|\overrightarrow{OA_2} - \overrightarrow{OA_1}\right|^2 = \dfrac{3+\sqrt{5}}{2}$ を用いて

$\left|\overrightarrow{OA_2}\right|^2 - 2\overrightarrow{OA_2}\cdot\overrightarrow{OA_1} + \left|\overrightarrow{OA_1}\right|^2 = \dfrac{3+\sqrt{5}}{2}$

$2 - 2\left(\overrightarrow{OA_2}\cdot\overrightarrow{OA_1}\right) = \dfrac{3+\sqrt{5}}{2}$ より $\overrightarrow{OA_1}\cdot\overrightarrow{OA_2} = \dfrac{1-\sqrt{5}}{4}$

$\overrightarrow{OA_1}\cdot\overrightarrow{OB_2} = \boxed{シ}$ について；

$\overrightarrow{OA_1}\cdot\overrightarrow{OB_2} = \overrightarrow{OA_1}\cdot\left(\overrightarrow{OA_3} + a\overrightarrow{OA_2}\right) = \dfrac{1-\sqrt{5}}{4} + a\cdot\dfrac{1-\sqrt{5}}{4}$

$= (1+a)\cdot\dfrac{1-\sqrt{5}}{4} = \dfrac{3+\sqrt{5}}{2}\cdot\dfrac{1-\sqrt{5}}{4} = \dfrac{-1-\sqrt{5}}{4}$

$\overrightarrow{OB_1}\cdot\overrightarrow{OB_2} = \boxed{ス}$ について；

$\overrightarrow{OB_1}\cdot\overrightarrow{OB_2} = \overrightarrow{OB_1}\cdot\left(\overrightarrow{OA_3} + a\overrightarrow{OA_2}\right) = \left(\overrightarrow{OA_2} + a\overrightarrow{OA_1}\right)\cdot\left(\overrightarrow{OA_3} + a\overrightarrow{OA_2}\right)$

$= a^2\overrightarrow{OA_1}\cdot\overrightarrow{OA_2} + a\left|\overrightarrow{OA_2}\right|^2 + a\overrightarrow{OA_1}\cdot\overrightarrow{OA_3} + \overrightarrow{OA_2}\cdot\overrightarrow{OA_3}$

$= a\cdot 1^2 + \left(a^2 + a + 1\right)\dfrac{1-\sqrt{5}}{4} = a + 2(a+1)\dfrac{1-\sqrt{5}}{4}$

$= \dfrac{1+\sqrt{5}}{2} + \dfrac{3+\sqrt{5}}{2}\cdot\dfrac{1-\sqrt{5}}{2} = 0$

黒岩虎雄

　第1日程の本問は，正12面体の図が3点も踊る「派手」な出題であった．空間図形に苦手意識をもつ生徒も多い中で，試験時間は短く，計算量は（旧センター試験と同様に）少なくはないので，受験生にはプレッシャーもかかったことであろう．

　旧センター試験においても，ベクトル分野は計算量が多く，とくに内積の計算に習熟していることは絶対的要求となっている．それは，共通テストになっても変わらないと考えて準備をしておくべきであろう．

～～～～～～～～～～（令和参年度・第2日程の出題から）～～～～～～～～～～

　O を原点とする座標空間に 2 点 A$(-1, 2, 0)$，B$(2, p, q)$ がある．ただし，$q > 0$ とする．線分 AB の中点 C から直線 OA に引いた垂線と直線 OA の交点 D は，線分 OA を $9:1$ に内分するものとする．また，点 C から直線 OB に引いた垂線と直線 OB の交点 E は，線分 OB を $3:2$ に内分するものとする．

(1)　点 B の座標を求めよう．

$$\left|\overrightarrow{OA}\right|^2 = \boxed{\text{ア}}$$ である．また，$\overrightarrow{OD} = \dfrac{\boxed{\text{イ}}}{\boxed{\text{ウエ}}}\overrightarrow{OA}$ であることにより，

$$\overrightarrow{CD} = \dfrac{\boxed{\text{オ}}}{\boxed{\text{カ}}}\overrightarrow{OA} - \dfrac{\boxed{\text{キ}}}{\boxed{\text{ク}}}\overrightarrow{OB}$$ と表される．$\overrightarrow{OA} \perp \overrightarrow{CD}$ から

$$\overrightarrow{OA} \cdot \overrightarrow{OB} = \boxed{\text{ケ}} \qquad\qquad \cdots\cdots①$$

である．同様に，$\overrightarrow{CE}$ を $\overrightarrow{OA}$，$\overrightarrow{OB}$ を用いて表すと，$\overrightarrow{OB} \perp \overrightarrow{CE}$ から

$$\left|\overrightarrow{OB}\right|^2 = 20 \qquad\qquad \cdots\cdots②$$

を得る．

　①と ②，および $q > 0$ から，B の座標は $\left(2, \boxed{\text{コ}}, \sqrt{\boxed{\text{サ}}}\right)$ である．

(2)　3点 O，A，B の定める平面を α とし，点 $\left(4,4,-\sqrt{7}\right)$ を G とす

る．また，α 上に点 H を $\overrightarrow{GH}\perp\overrightarrow{OA}$ と $\overrightarrow{GH}\perp\overrightarrow{OB}$ が成り立つようにと

る．$\overrightarrow{OH}$ を $\overrightarrow{OA}$，$\overrightarrow{OB}$ を用いて表そう．

　　H が α 上にあることから，実数 s，t を用いて

$$\overrightarrow{OH}=s\overrightarrow{OA}+t\overrightarrow{OB}$$

と表される．よって

$$\overrightarrow{GH}=\boxed{シ}\,\overrightarrow{OG}+s\overrightarrow{OA}+t\overrightarrow{OB}$$

である．これと，$\overrightarrow{GH}\perp\overrightarrow{OA}$ および $\overrightarrow{GH}\perp\overrightarrow{OB}$ が成り立つことから，

$s=\dfrac{\boxed{ス}}{\boxed{セ}}$，$t=\dfrac{\boxed{ソ}}{\boxed{タチ}}$ が得られる．ゆえに

$$\overrightarrow{OH}=\dfrac{\boxed{ス}}{\boxed{セ}}\overrightarrow{OA}+\dfrac{\boxed{ソ}}{\boxed{タチ}}\overrightarrow{OB}$$

となる．また，このことから，H は $\boxed{ツ}$ であることがわかる．

$\boxed{ツ}$ の解答群

　⓪　三角形 OAC の内部の点

　①　三角形 OBC の内部の点

　②　点 O，C と異なる，線分 OC 上の点

　③　三角形 OAB の周上の点

　④　三角形 OAB の内部にも周上にもない点

（2021 共通テスト第2日程・数学ⅡB）

解答と解説

(1) $\boxed{ア}=5$, $\dfrac{\boxed{イ}}{\boxed{ウエ}}=\dfrac{9}{10}$,

$\dfrac{\boxed{オ}}{\boxed{カ}}\overrightarrow{OA}-\dfrac{\boxed{キ}}{\boxed{ク}}\overrightarrow{OB}=\dfrac{2}{5}\overrightarrow{OA}-\dfrac{1}{2}\overrightarrow{OB}$, $\boxed{ケ}=4$,

$\left(2,\boxed{コ},\sqrt{\boxed{サ}}\right)=\left(2,3,\sqrt{7}\right)$

$\left|\overrightarrow{OA}\right|^2=(-1)^2+2^2+0^2=5$, $\overrightarrow{OD}=\dfrac{9}{10}\overrightarrow{OA}$, $\overrightarrow{OC}=\dfrac{1}{2}\left(\overrightarrow{OA}+\overrightarrow{OB}\right)$

$\overrightarrow{CD}=\overrightarrow{OD}-\overrightarrow{OC}=\dfrac{2}{5}\overrightarrow{OA}-\dfrac{1}{2}\overrightarrow{OB}$

ここで $\overrightarrow{OA}\perp\overrightarrow{CD}$ から $\overrightarrow{OA}\cdot\overrightarrow{CD}=0$

$\overrightarrow{OA}\cdot\left(\dfrac{2}{5}\overrightarrow{OA}-\dfrac{1}{2}\overrightarrow{OB}\right)=0$

$\dfrac{2}{5}\cdot5-\dfrac{1}{2}\left(\overrightarrow{OA}\cdot\overrightarrow{OB}\right)=0$ より $\overrightarrow{OA}\cdot\overrightarrow{OB}=4$ ……①

$\overrightarrow{OB}\perp\overrightarrow{CE}$ から同様にして $\left|\overrightarrow{OB}\right|^2=20$ ……②

①から $\overrightarrow{OA}\cdot\overrightarrow{OB}=2p-2=4$, $p=3$

②から $\left|\overrightarrow{OB}\right|^2=4+p^2+q^2=20$, $q^2=7$

また $q>0$ より $q=\sqrt{7}$ と決まり，$B\left(2,3,\sqrt{7}\right)$

(2) $\boxed{シ}=-$, $\dfrac{\boxed{ス}}{\boxed{セ}}=\dfrac{1}{3}$, $\dfrac{\boxed{ソ}}{\boxed{タチ}}=\dfrac{7}{12}$, $\boxed{ツ}=①$

$\overrightarrow{OH}=s\overrightarrow{OA}+t\overrightarrow{OB}$ より $\overrightarrow{GH}=-\overrightarrow{OG}+s\overrightarrow{OA}+t\overrightarrow{OB}$

$\overrightarrow{GH}\perp\overrightarrow{OA}$ より $-\overrightarrow{OA}\cdot\overrightarrow{OG}+s\left|\overrightarrow{OA}\right|^2+t\overrightarrow{OA}\cdot\overrightarrow{OB}=0$

$5s+4t-4=0$

$\overrightarrow{GH} \perp \overrightarrow{OB}$ より $-\overrightarrow{OB} \cdot \overrightarrow{OG} + s\overrightarrow{OA} \cdot \overrightarrow{OB} + t\left|\overrightarrow{OB}\right|^2 = 0$

$$4s + 20t - 13 = 0$$

これらを解いて $s = \dfrac{1}{3}$, $t = \dfrac{7}{12}$

$s + t < 1$ および $0 < s < \dfrac{1}{2} < t$ より H は三角形 OBC の内部の点 （①）

黒岩虎雄

　空間座標や内分の比が与えられた本問の設定を，正確に図示しようとすると難儀するかもしれない．ベクトルという分野を学ぶことの意義のひとつとして「図形が計算の対象になる」という点がある．

　小中学校での図形の問題は「図をしっかり描くこと」を重点的に指導していく必要があったが，高校生になると必ずしもそうではない，ということである（もちろん，図を描くことの重要性が減じるわけではない）．

　図形が計算の対象になる以上，問題文の状況設定を的確に捉えて，これをベクトルの《計算に載せていく》というプロセスへと，適時適切なヒントとともに，導かれている問題である．

　改めて学習指導要領解説（数学C）の「ベクトル」の項を読んで抜粋してみるに，「思考力，判断力，表現力等」として；

> (イ) ベクトルやその内積の基本的な性質などを用いて，平面図形や空間図形の性質を見いだしたり，多面的に考察したりすること．
>
> (ウ) 数量や図形及びそれらの関係に着目し，日常の事象や社会の事象などを数学的に捉え，ベクトルやその内積の考えを問題解決に活用すること．

と記されていることに注意を払っておきたい．

　第1日程最後の設問 セ ，あるいは第2日程最後の設問 ツ は，ともに上記引用部分に沿った《定性的》な設問となっている．

共通テスト数学における質的変化の研究
数学Ⅱ・B　第13章
統計的推測

　第13章では，数学Bから「統計的推測」を取り上げます．令和7年度以降の大学入学共通テストでは「数学Ⅱ・数学B・数学C」を設けて，数学B「数列」，「統計的な推測」，数学C「ベクトル」，「平面上の曲線と複素数平面」の4分野から3分野を選択解答する方向に向かうとされています．これまでの高校の現場では，数学B（2単位）の履修において「数列・ベクトル決め打ち」というのが実情で，推測統計分野は「ほぼ無視されていた」状況にあったと言っても過言ではないでしょう．

　この単元の出題は，旧センター試験時代の2015年から始まっています．この単元の履修が学校現場で「ほぼ無視」されていることから，センター試験の統計の問題も事実上「誰も見ていない」状況にありました．ところが，2015年以降の推測統計の問題をちゃんと見てみれば，毎年（例外なく）正規分布表が添付されており，その使い方はほぼ変わらない出題が続いていることがわかります．受験指導という観点からすると，これほど「対策を立てやすい分野はない」のです．

　国としても，統計教育を充実させたい，統計分野の選択を促したいと考えているようです．そういう思惑もあって，ワンパターンの出題で「こっちの水は甘いぞ」と誘引しているのではないかという仮説もあります．しかしそれ以前に，検定教科書（数学B）の推測統計部分の記述は「確率分布」と「統計的な推測」に限られています．毎年のように「母平均の推定」を出題するにしても，問題のヴァリエーションを広げることは，困難なのであろうことは，想像に難くありません．新課程のもとでは，少なくとも文系に進学する学生にとっては，統計を選択することが「現実的」になっていくのではないでしょうか．

〜〜〜〜〜〜〜〜〜〜〜〜〜〜　シヴァ神の　眼光　〜〜〜〜〜〜〜〜〜〜〜〜〜〜

　現学習指導要領のもとでの《統計的推測》について，センター試験から共通テストに変わっても，数学Bの分野別選択者数は《ベクトル》や《数列》に比べて少ないであろうが，数学Ⅰの《データの分析・記述統計》や数学Aの《確率・ベイズ推定》からの流れで，現代社会に溢れている《統計》を学ぶ橋渡しとなるので，誰もが対峙してほしい分野である．

　思いつくままに統計に絡む学問を並べると，医学，生物，公衆衛生，疫学，生存時間解析，経済，人口統計，計測工学，品質管理，実験計画法，社会統計，金融工学，保険数理，計量言語学など枚挙にいとまがない．

　科学的知見が叫ばれるときに，統計学が根拠になっていることを意識するだろう．そもそも statistics の語源は，STATE で，国の存続のために必要な統計調査のことである．全数調査に基づく記述統計から1世紀で《統計的推測》が生じたのは，20世紀に扱うデータの量と質が激しく変わってきたからである．ましてや，ＡＩ社会とコロナ禍の現在，《感染症の数理》を例にあげても，母集団についての正しい考察が必要なことは否めない．

　まだ必修化されていない《統計的推測》ではあるが，2022年度高校入学者から施行の新学習指導要領における統計は，仮説検定を《データの分析》に送り込み，新設置科目の《情報》と提携し，数学B・数学Cの4分野（数列，統計，ベクトル，複素数平面）の中でも主要な役割を果たすだろう（大学入試センターの「情報」のサンプル問題では，"標本化・量子化・符号化"や回帰直線の問題などが出題されている）．

　多くの入試関係者が指摘しているように，数学ⅡBの【第5問】として配置されていたのが，第2回試行調査から共通テストの第1日程・第2日程まで3回連続で【第3問】として変更配置されたのもその現れである．

　試験内容に関してだが，センター試験，第1回・第2回試行調査，共通テスト第1日程・第2日程と設問を追ってみても，他の分野に比べるとバリエーションはなく，センター型（定量的）から共通テスト型（定性的）に変化しているわけではない．二項分布（離散分布）→正規分布（連続化）→標準正規分布（標準化）の流れを押さえて，平均・標準偏差・信頼

区間（標本平均・標本の大きさ・標本標準偏差で決まる）から母集団を考察する《逆思考》を鍛えればよい.

　しかし,《統計の中で生きる》にはそれだけでは物足りない. 統計処理をルーチンとしてできる（演繹的操作）のは正規分布表の確からしさに依存しているからで, 数学ⅡBまでの履修では,「なぜ平均から変曲点までの距離が標準偏差になるのか？」,「確率密度関数の利用でなぜ確率が求められるのか？」などの問いに答えることはできない.

　《統計的推測》思考とは,「部分的なデータから全体像をみる」ことで,"分布が生き物である"ことを実感することである. 帰納的推論と哲学が合わさり, 発展途上でうごめく《統計学》の扉を開けるためには統計史にも触れておきたい.

　最後に統計に関してのコメントを載せておく.《新学力観》を持つというのは, 演繹的に答えを導き固定させることでなく,「問いを問う」ことにより, 帰納的に変化する視座を持つことである.

　　○統計的推測は確からしさに依拠していて法則でなく, 確からしさは確実性と無関係である.（ベルナール）
　　○平均は偏差を測定するための道具にすぎない.（ゴルトン）
　　○天体観測に適用される誤差法則は人体計測にも適用できる.（ケトレ）
　　○虚数を形式的に利用すれば, 正規分布の複雑な計算を実行できる.（ラプラス）
　　○確率分布は関数である.（コルモゴロフ）

第13章 統計的推測

〜〜〜〜〜〜〜〜〜〜〜〜 令和参年度・第１日程の出題から 〜〜〜〜〜〜〜〜〜〜〜〜

以下の問題を解答するにあたっては，必要に応じて正規分布表（省略）を用いてもよい．

Q高校の校長先生は，ある日，新聞で高校生の読書に関する記事を読んだ．そこで，Q高校の生徒全員を対象に，直前の１週間の読書時間に関して，100 人の生徒を無作為に抽出して調査を行った．その結果，100 人の生徒のうち，この１週間に全く読書をしなかった生徒が 36 人であり，100 人の生徒のこの１週間の読書時間（分）の平均値は 204 であった．Q高校の生徒全員のこの１週間の読書時間の母平均を m，母標準偏差を 150 とする．

(1) 全く読書をしなかった生徒の母比率を 0.5 とする．このとき，100 人の無作為標本のうちで全く読書をしなかった生徒の数を表す確率変数を X とする．X は $\boxed{\text{ア}}$ に従う．また，X の平均（期待値）は $\boxed{\text{イウ}}$，標準偏差は $\boxed{\text{エ}}$ である．

$\boxed{\text{ア}}$ については，最も適当なものを，次の⓪〜⑤のうちから一つ選べ．

⓪ 正規分布 $N(0,1)$
① 二項分布 $B(0,1)$
② 正規分布 $N(100,0.5)$
③ 二項分布 $B(100,0.5)$
④ 正規分布 $N(100,36)$
⑤ 二項分布 $B(100,36)$

(2) 標本の大きさ 100 は十分に大きいので，100 人のうち全く読書をしなかった生徒の数は近似的に正規分布に従う．

全く読書をしなかった生徒の母比率を 0.5 とするとき，全く読書をしなかった生徒が 36 人以下となる確率を p_5 とおく．p_5 の近似値を求めると，$p_5 = \boxed{\text{オ}}$ である．

また，全く読書をしなかった生徒の母比率を 0.4 とするとき，全く読書をしなかった生徒が 36 人以下となる確率を p_4 とおくと，$\boxed{カ}$ である.

$\boxed{オ}$ については，最も適当なものを，次の ⓪〜 ⑤のうちから一つ選べ.

⓪　0.001　　　① 0.003　　　② 0.026

③　0.050　　　④ 0.133　　　⑤ 0.497

$\boxed{カ}$ の解答群

⓪　$p_4 < p_5$　　　① $p_4 = p_5$　　　② $p_4 > p_5$

(3)　1 週間の読書時間の母平均 m に対する信頼度 95% の信頼区間を $C_1 \leq m \leq C_2$ とする．標本の大きさ 100 は十分大きいことと，1 週間の読書時間の標本平均が 204，母標準偏差が 150 であることを用いると，

$C_1 + C_2 = \boxed{キクケ}$，$C_2 - C_1 = \boxed{コサ}.\boxed{シ}$ であることがわかる.

また，母平均 m と C_1，C_2 については，$\boxed{ス}$.

$\boxed{ス}$ の解答群

⓪　$C_1 \leq m \leq C_2$ が必ず成り立つ

①　$m \leq C_2$ は必ず成り立つが，$C_1 \leq m$ が成り立つとは限らない

②　$C_1 \leq m$ は必ず成り立つが，$m \leq C_2$ が成り立つとは限らない

③　$C_1 \leq m$ も $m \leq C_2$ も成り立つとは限らない

(4)　Q高校の図書委員長も，校長先生と同じ新聞記事を読んだため，校長先生が調査をしていることを知らずに，図書委員会として校長先生と同様の調査を独自に行った．ただし，調査期間は校長先生による調査と同じ直前の 1 週間であり，対象をQ高校の生徒全員として

100 人の生徒を無作為に抽出した．その調査における，全く読書をしなかった生徒の数を n とする．

　校長先生の調査結果によると全く読書をしなかった生徒は 36 人であり，　セ　．

　セ　の解答群

⓪　n は必ず 36 に等しい　　　①　n は必ず 36 未満である

②　n は必ず 36 より大きい　　③　n と 36 との大小はわからない

(5)　　(4) の図書委員会が行った調査結果による母平均 m に対する信頼度 95% の信頼区間を $D_1 \leq m \leq D_2$，校長先生が行った調査結果による母平均 m に対する信頼度 95% の信頼区間を (3) の $C_1 \leq m \leq C_2$ とする．ただし，母集団は同一であり，1 週間の読書時間の母標準偏差は 150 とする．

　このとき，次の ⓪〜 ⑤ のうち，正しいものは　ソ　と　タ　である．

　ソ　，　タ　の解答群（解答の順序は問わない．）

⓪　$C_1 = D_1$ と $C_2 = D_2$ が必ず成り立つ．

①　$C_1 < D_2$ または $D_1 < C_2$ のどちらか一方のみが必ず成り立つ．

②　$D_2 < C_1$ または $C_2 < D_1$ となる場合もある．

③　$C_2 - C_1 > D_2 - D_1$ が必ず成り立つ．

④　$C_2 - C_1 = D_2 - D_1$ が必ず成り立つ．

⑤　$C_2 - C_1 < D_2 - D_1$ が必ず成り立つ．

（2021 共通テスト第 1 日程・数学 II B）

解答と解説

(1) $\boxed{ア}$ = ③, $\boxed{イウ}$ = 50, $\boxed{エ}$ = 5

$B(n,p) = B(100,0.5)$ の平均は $np = 50$, 分散は $\sqrt{np(1-p)} = 5$

(2) $\boxed{オ}$ = ①, $\boxed{カ}$ = ②

$B(100,0.5)$ を近似する正規分布は $N(np, np(1-p)) = N(50, 5^2)$

$$p_5 = P\left(z \leq \frac{36-50}{5}\right) = P(z \leq -2.8) = 0.5 - P(0 \leq z \leq 2.8)$$

$= 0.5 - 0.4974 = 0.0026$ を四捨五入して約 0.003

全く読書をしなかった生徒の母比率が 0.5 から 0.4 に下がると, 100 人の標本調査における全く読書をしなかった生徒の平均値が 50 人から 40 人に下がる. すると, この属性をもつ生徒数が 36 人以下である確率は上がって, $p_4 > p_5$ であると判断できる.

(3) $\boxed{キクケ}$ = 408, $\boxed{コサ}.\boxed{シ}$ = 58.8, $\boxed{ス}$ = ③

1 週間の読書時間の母平均 m に対する信頼度 95% の信頼区間は

$$(C_1 =)204 - 1.96 \times \frac{150}{\sqrt{100}} \leq m \leq 204 + 1.96 \times \frac{150}{\sqrt{100}}(= C_2)$$

である. $C_1 + C_2 = 408$, $C_2 - C_1 = 2 \times 1.96 \times \dfrac{150}{\sqrt{100}} = 1.96 \times 30 = 58.8$

母平均 m が $C_1 \leq m \leq C_2$ をみたす確率は 95% であって, これが保証されているわけではないので, ③ $C_1 \leq m$ も $m \leq C_2$ も成り立つとは限らない.

(4) $\boxed{セ}$ = ③

(5) $\boxed{ソ}$ = ②, $\boxed{タ}$ = ④

図書委員会による標本調査における標本平均を $\overline{X}$ とすると,

$$(D_1 =)\overline{X} - 1.96 \times \frac{150}{\sqrt{100}} \leq m \leq \overline{X} + 1.96 \times \frac{150}{\sqrt{100}}(= D_2)$$

である. $\overline{X}$ と 204 (校長先生による標本調査における標本平均) との大小は不明なので, C_1, D_1 の大小, C_2, D_2 の大小ともに不明であるが, 区間の大きさについては ④ $C_2 - C_1 = D_2 - D_1$ が必ず成り立つ.

黒岩虎雄

第1日程のこの問題は，同時に並列して出題されている数列（漸化式）・ベクトル（正12面体）の出題と比較してみるとき，私の主観では「格段に易しい」と感じる．「統計を選択して下さい，美味しいよ」という国からのメッセージなのであろう．

計算量が格段に少ないので，計算ミスの虞れが小さいということもある．数学Bの未修者が，統計・数列・ベクトルの選択問題を，それぞれ20点満点が獲得できるくらいの学力を身につけるまでに必要となる学習時間という観点で見れば，本問が格段に短い時間で済むと考えられる．だから私は，教室の現場では，とりわけ文系の学生に対しては「数列，ベクトルが苦手で厳しい人は，統計を選択してみるのも選択肢に挙げておくといいよ」と伝えているのだが，これを実行に移す高校生は少ない．

計算量は少ないのだが，意味を理解していることは，強く要求されている．つまり，意味さえわかっていれば，面倒な計算がない，ということでもある．「ものごとの表面を撫でる」ような，「ハウツーを中心とした学習」をしているような学生には，厳しいかもしれないが．

具体的な設問を見てみよう．(1)は公式そのまんまで，計算らしい計算といえば，(2)の $\boxed{オ}$ と(3)の $\boxed{キクケ}$ ，$\boxed{コサ}$ ，$\boxed{シ}$ だけである．「間違って計算してしまう」人が現れそうな問題は $\boxed{カ}$ である．母比率が 0.5 から 0.4 に下がるとき，再計算をしようとすると，近似的にしたがう正規分布は $N(100 \times 0.4 , 100 \times 0.4 \times 0.6) = N\left(40 , \left(2\sqrt{6}\right)^2\right)$ に変わる．36 人を正規化すると $\frac{36-40}{2\sqrt{6}} = -\frac{2}{\sqrt{6}} = -\frac{2}{2.449\cdots}$ となる．このような計算に手を出してしまう人は，直前に求めている $\frac{36-50}{5} = -2.8$ と比較すればよいということにも気づかないだろう．$\boxed{カ}$ の選択肢が不等式で与えられているのだから，具体的数値を計算してはいけないのである．

以下の問題を解答するにあたっては，必要に応じて後掲の正規分布表（省略）を用いてもよい．

ある大学には，多くの留学生が在籍している．この大学の留学生に対して学習や生活を支援する留学生センターでは，留学生の日本語の学習状況について関心を寄せている．

(1)　この大学では，留学生に対する授業として，以下に示す三つの日本語学習コースがある．

初級コース：1週間に10時間の日本語の授業を行う

中級コース：1週間に8時間の日本語の授業を行う

上級コース：1週間に6時間の日本語の授業を行う

すべての留学生が三つのコースのうち，いずれか一つのコースのみに登録することになっている．留学生全体における各コースに登録した留学生の割合は，それぞれ

初級コース：20%，　中級コース：35%，　上級コース：$\boxed{\text{アイ}}$%

であった．ただし，数値はすべて正確な値であり，四捨五入されていないものとする．

この留学生の集団において，一人を無作為に抽出したとき，その留学生が1週間に受講する日本語学習コースの授業の時間数を表す確率変数を X とする．X の平均（期待値）は $\dfrac{\boxed{\text{ウエ}}}{2}$ であり，X の分散は $\dfrac{\boxed{\text{オカ}}}{20}$ である．

次に，留学生全体を母集団とし，a 人を無作為に抽出したとき，初級コースに登録した人数を表す確率変数を Y とすると，Y は二項分布に従う．このとき，Y の平均 $E(Y)$ は

$$E(Y) = \dfrac{\boxed{\text{キ}}}{\boxed{\text{ク}}}$$

である．

また，上級コースに登録した人数を表す確率変数を Z とすると，

Z は二項分布に従う．Y，Z の標準偏差をそれぞれ $\sigma(Y)$，$\sigma(Z)$ とすると

$$\frac{\sigma(Z)}{\sigma(Y)} = \frac{\boxed{ケ}\sqrt{\boxed{コサ}}}{\boxed{シ}}$$

である．

　　ここで，$a = 100$ としたとき，無作為に抽出された留学生のうち，初級コースに登録した留学生が 28 人以上となる確率を p とする．$a = 100$ は十分大きいので，Y は近似的に二項分布に従う．このことを用いて p の近似値を求めると，$p = \boxed{ス}$ である．

$\boxed{ス}$ については，最も適当なものを，次の ⓪〜 ⑤のうちから一つ選べ．

　⓪　0.002　　　　①　0.023　　　　②　0.228

　③　0.477　　　　④　0.480　　　　⑤　0.977

(2)　40 人の留学生を無作為に抽出し，ある 1 週間における留学生の日本語学習コース以外の日本語の学習時間（分）を調査した．ただし，日本語の学習時間は母平均 m，母分散 σ^2 の分布に従うものとする．

　　母分散 σ^2 を 640 と仮定すると，標本平均の標準偏差は $\boxed{セ}$ となる．調査の結果，40 人の学習時間の平均値は 120 であった．標本平均が近似的に正規分布に従うとして，母平均 m に対する信頼度 95% の信頼区間を $C_1 \leq m \leq C_2$ とすると，

$$C_1 = \boxed{ソタチ}.\boxed{ツテ}，\quad C_2 = \boxed{トナニ}.\boxed{ヌネ}$$

である．

(3)　(2)の調査とは別に，日本語の学習時間を再度調査することになった．そこで，50 人の留学生を無作為に抽出し，調査した結果，学習時間の平均値は 120 であった．

母分散 σ^2 を 640 と仮定したとき，母平均 m に対する信頼度 95% の信頼区間を $D_1 \leq m \leq D_2$ とすると，$\boxed{\text{ノ}}$ が成り立つ．

一方，母分散 σ^2 を 960 と仮定したとき，母平均 m に対する信頼度 95% の信頼区間を $E_1 \leq m \leq E_2$ とする．このとき，$D_2 - D_1 = E_2 - E_1$ となるためには，標本の大きさを 50 の $\boxed{\text{ハ}}$. $\boxed{\text{ヒ}}$ 倍にする必要がある．

$\boxed{\text{ノ}}$ の解答群

- ⓪ $D_1 < C_1$ かつ $D_2 < C_2$
- ① $D_1 < C_1$ かつ $D_2 > C_2$
- ② $D_1 > C_1$ かつ $D_2 < C_2$
- ③ $D_1 > C_1$ かつ $D_2 > C_2$

（2021 共通テスト第2日程・数学ⅡB）

解答と解説

(1) $\boxed{\text{アイ}} = 45$，$\dfrac{\boxed{\text{ウエ}}}{2} = \dfrac{15}{2}$，$\dfrac{\boxed{\text{オカ}}}{20} = \dfrac{47}{20}$，$\dfrac{\boxed{\text{キ}}}{\boxed{\text{ク}}} = \dfrac{a}{5}$，

$\dfrac{\boxed{\text{ケ}}\sqrt{\boxed{\text{コサ}}}}{\boxed{\text{シ}}} = \dfrac{3\sqrt{11}}{8}$，$\boxed{\text{ス}} = ①$

すべての留学生がいずれかのコースの一つだけに登録するから，上級コースに登録した留学生の割合は $100 - (20 + 35) = 45$ %

X の確率分布は

X	10	8	6
P	0.2	0.35	0.45

のようになるから，X の期待値は，$\overline{X} = 10 \times 0.2 + 8 \times 0.35 + 6 \times 0.45 = 7.5 = \dfrac{15}{2}$

X の分散は $V(X) = E(X^2) - \overline{X}^2$ により計算する．

$$E\left(X^2\right) = 10^2 \times 0.2 + 8^2 \times 0.35 + 6^2 \times 0.45 = 58.6 = \frac{586}{10}$$

$$V\left(X\right) = E\left(X^2\right) - \overline{X}^2 = \frac{586}{10} - \left(\frac{15}{2}\right)^2 = \frac{47}{20}$$

確率変数 Y は二項分布 $B(a, 0.2)$ に従う．Y の平均は $E(Y) = \dfrac{a}{5}$

確率変数 Z は二項分布 $B(a, 0.45)$ に従う．Y, Z の分散は，

$$\sigma(Y)^2 = V(Y) = a \times 0.2 \times 0.8$$

$$\sigma(Z)^2 = V(Z) = a \times 0.45 \times 0.55$$

よって，標準偏差の比は，

$$\frac{\sigma(Z)}{\sigma(Y)} = \sqrt{\frac{a \times 0.45 \times 0.55}{a \times 0.2 \times 0.8}} = \sqrt{\frac{45 \times 55}{20 \times 80}} = \frac{3\sqrt{11}}{8}$$

$a = 100$ のとき二項分布 $B(100, 0.2)$ に従う Y は近似的に正規分布

$N(100, 100 \times 0.2 \times 0.8)$ すなわち $N(100, 4^2)$ に従う．$Y \geq 28$ となる確率

p を求めるために，$\dfrac{Y - 20}{4} \geq \dfrac{28 - 20}{4} = 2.0$ によって正規化し，正規分布

表で $z_0 = 2.0$ に対応する値 0.4772 を見つけ出す．

$$p = 0.5 - 0.4772 = 0.0228$$

から，近似値として①の 0.023 を選ぶ．

(2) $\boxed{\text{セ}} = 4$ ，$\boxed{\text{ソタチ}}.\boxed{\text{ツテ}} = 112.16$ ，$\boxed{\text{トナニ}}.\boxed{\text{ヌネ}} = 127.84$

母分散 $\sigma^2 = 640$ の母集団から大きさ $n = 40$ の標本を抽出するときの

標本平均の標準偏差は $\dfrac{\sigma}{\sqrt{n}} = \sqrt{\dfrac{640}{40}} = 4$

ある標本の平均が 120 であったとき，母平均 m に対する信頼度 95%

の信頼区間は $120 - 1.96 \times \sqrt{\dfrac{640}{40}} \leq m \leq 120 + 1.96 \times \sqrt{\dfrac{640}{40}}$ より

$$112.16 \leq m \leq 127.84$$

(3) $\boxed{\text{ノ}}$ = ②,　$\boxed{\text{ハ}}.\boxed{\text{ヒ}}$ = 1.5

(2) における $n=40$ が $n=50$ に変わるので，母平均 m に対する信頼

度 95% の信頼区間は $120-1.96\times\sqrt{\dfrac{640}{50}}\leqq m\leqq 120+1.96\times\sqrt{\dfrac{640}{50}}$ とな

る．これは，(2) の信頼区間 $C_1\leqq m\leqq C_2$ よりも狭いので，

$\qquad C_1 < D_1 \leqq m \leqq D_2 < C_2$

となる．よって② $D_1 > C_1$ かつ $D_2 < C_2$ が成り立つ．

母分散 $\sigma^2=960$ のとき，標本の大きさを N として，

$$D_2 - D_1 = 2\times 1.96\times\sqrt{\frac{640}{50}}，\quad E_2 - E_1 = 2\times 1.96\times\sqrt{\frac{960}{N}}$$

これらが等しくなるのは，$N=50\times 1.5$ にする必要がある．

$\boxed{\text{黒岩虎雄}}$

第 1 日程の統計の問題は「計算量が少ない」と書いたが，第 2 日程の統計の出題をみると，今後も計算量が少ないとは断定できないことがわかった．

最後の問い $\boxed{\text{ハ}}.\boxed{\text{ヒ}}$ は，「母分散 σ^2 を大きくしたときに，信頼度95% を維持したまま信頼区間の幅を変えないようにするには，標本の大きさを（小さくする／変えない／大きくする）のがよい」といった問いかけも考えられる（これでは易しすぎるかもしれないが）．母分散が大きくなれば，抽出した標本の分散も大きくなって，母平均の推定の難易度は上がる．95% 信頼区間の公式；$\overline{x}-1.96\times\dfrac{\sigma}{\sqrt{n}}\leqq m\leqq \overline{x}-1.96\times\dfrac{\sigma}{\sqrt{n}}$ を単に暗記

するだけでなく，「標本数 n を大きくすればより精密な（狭い区間の）信頼区間が得られる」といったような意味を踏まえた理解に到達してほしいところである．こうした《定性的》な問いにも即答できるような理解を目標として，受験生には学習に，先生方には指導に，あたっていただきたいと願っている．

「遊歴算家」

江戸時代，関孝和らが活躍していた和算の時代，数学の担い手は都市部に居住する身分の高い者がほとんどであったという．江戸時代の後期になると，諸地方の商家や農家などからも数学に熟達した者が多く現れるようになった．この要因のひとつとして「遊歴算家」の存在が寄与していたと言われている．日本各地を歩きまわり，行く先々で数学の教授を行った数学者たちが，数学を学ぶ喜びを人々に解放したのである．

共通テスト数学における質的変化の研究
遊歴算家・シヴァ神による
あとがき

　1990年代から，「高校数学は，場合分けと置き換えができれば解ける」と生徒に言い続けてきた．「数学を何のためにするのか？」という生徒の問いに対しても，哲学的に返答してきたこともあった．2000年代中頃からその問答が減ってきたのは，世界が加速的なAI社会に突入して，数学が前面に出てきたからである．経産省も人材育成に関して，「欠かすことのできない科学が3つあり，第一に数学，第二に数学，そして第三に数学である」と述べ，知識資本主義から数理資本主義への転換を求めている．

　入学試験は選抜試験・競争試験だから全員が解けてもいけないし，逆に平均点管理や時間制約を考慮すると難しすぎてもいけない．試験の研究をするということは，問題作成者の立場になって考察することでもある．とりわけ1次試験的役割を果たす「共通テスト」では，カリキュラム（学習指導要領）で分断された各分野（単元）内で問いを完結させなければならない制約の中で，計算に偏らない問題を作るのは難しいと感じる．

　それらを踏まえた上で，センター試験から共通テストへ移行したこの時期に，私達は数学に関する《新学力観》について再考した．一見脈絡のないように見える各単元がどう有機体として繋がり，日常生活に溶け込んでいるのかを伝えたいと．そのための問題と解答のセットを私達算家は《数楽譜》と名付けて遊歴している．"伊藤の公式"で第1回ガウス賞を受賞した確率微分方程式の創始者である伊藤清は，自著"確率論と私（岩波書店）"でこう述べている．「楽譜とは，宙に浮いている抽象的な数学を人間の現実世界へ引き寄せるものである」

　黒岩虎雄氏は「暗記してはいけない，理解するのだ」と吠えるが，"習ったことがなかったり，見たことのない問題でも，きちんと理解していく習

遊歴算家シヴァ神による　あとがき

慣をつけていれば，最後は定理への導き方に帰着して解ける"という数学体験に言及しており共感する．

　《場合分け》の次にどう考えればよいのかを，語学学習の翻訳に比して，私は《置き換え》と呼んでいる．ある問題に対して

　　　1　どの場合なんだ？と脳に汗をかいてもがき
　　　2　自分の思考力の基礎にアクセスして活路を見出す

という流れは，ＡＩ社会に潰されないためにも大事な思考様式である．そのためには，従来のセンター試験の計算結果を求められる思考から，「問題の背景を睨みながら，問題のあり方や流れさえ問う」という共通テストの思考に早く馴染むことが必要である．

　本書では第1回大学入学共通テストである 2021 年度入試の第1日程と第2日程の問題を踏み台にして，センター試験の系譜と比べながら論じている．高校数学で学ぶカリキュラムが日常生活や大学数学にどう繋がるのかのイメージ伝達を主にしていて，細かい解答・解説は省いている．共通テストの主だった特徴は《対話式》の導入である．

　太郎君と花子さんのやりとりとして誘導されれば，既習事項だけでなく，異なる分野への導入として，未習の数学的内容を考えたり，時には《数学者の頭の中》を覗かなければいけない時も出てくるだろう．学生のみなさんだけでなく，数学に苦手意識を持ってきた多くの国民が「今そこにある危機」を感じて，《数学という言語》を話す
意味を考えてもらえると幸いである．
かの"ガリレオ・ガリレイ"が放った
「宇宙は数学という言語で書かれている」
という意味も併せながら．

　　　　遊歴算家
　　　　シヴァ神

著者紹介:

遊歴算家:シヴァ神 (しゞぁのかみ)

鳥取県の公立高校に勤務する間,数学科担当のほか,進学に関わる全般を担当.
任期中,国公立大学進学率 97.8%(高校別ランキング日本一)を達成した神である.思う処あり退職後に東海道ほか日本全国と世界 5 大陸を足で歩く.
『現代数学』誌にて巻頭コラム『数学戯評』(2018 年 4 月〜2020 年 1 月号)を寄稿.著作(共著)として
『The 王道 数学のことば VS 教育のことば』(2017 年)
『The 王道 数学を奏でる授業』(2020 年)

ブラックタイガー:黒岩 虎雄 (くろいわ とらを)

高等学校(私立進学校)の教壇に立つこと 20 年余.
校内の若手教員の指導を任されるなど,信頼が厚い.
無用な忖度をしないことで知られる.
『現代数学』誌にて不定期記事『黒岩虎雄の大放言』を寄稿.
著作(共著)として
『大学入学共通テストが目指す新学力観 数学 I A』『II B』(2020 年)

共通テスト数学における質的変化の研究
　　—学力観のバージョンアップ—

2021 年 11 月 21 日　　初版第 1 刷発行

著　　者　　シヴァ神・黒岩 虎雄
発 行 者　　富田 淳
発 行 所　　株式会社　現代数学社

〒 606-8425
京都市左京区鹿ヶ谷西寺ノ前町 1
TEL 075(751)0727　FAX 075(744)0906
https://www.gensu.co.jp/

装　　幀　　中西真一(株式会社 CANVAS)

印刷・製本　　有限会社 ニシダ印刷製本

ISBN 978-4-7687-0571-1　　　　　　　　2021 Printed in Japan